从小就做数学高手

6~8岁
做个消防员

[英]温蒂·克莱姆森◎著　宁波大学翻译团队◎译

贵州科技出版社

图书在版编目（CIP）数据

从小就做数学高手：6～8岁. 做个消防员 / （英）
温蒂·克莱姆森著；宁波大学翻译团队译. -- 贵阳：
贵州科技出版社，2022.8
ISBN 978-7-5532-1067-4

Ⅰ . ①从… Ⅱ . ①温… ②宁… Ⅲ . ①数学—儿童读
物 Ⅳ . ① O1-49

中国版本图书馆 CIP 数据核字（2022）第 095241 号

著作权合同登记 图字：22-2022-019 号

从小就做数学高手：6~8 岁 做个消防员
CONGXIAO JIUZUO SHUXUE GAOSHOU：6~8 SUI ZUO GE XIAOFANGYUAN

出版发行	贵州科技出版社
地　　址	贵阳市中天会展城会展东路 A 座（邮政编码：550081）
网　　址	http://www.gzstph.com
出 版 人	朱文迅
经　　销	全国各地新华书店
印　　刷	天津创先河普业印刷有限公司
版　　次	2022 年 8 月第 1 版
	2022 年 8 月第 1 次印刷
开　　本	889mm×1194mm　1/16
印　　张	12（全 6 册）
字　　数	300 千字（全 6 册）
印　　量	1~5000 册
定　　价	198.00 元（全 6 册）

天猫旗舰店：http://gzkjcbs.tmall.com
京东专营店：http://mall.jd.com/index-10293347.html

目 录

欢迎来到消防队   2

消防站   4

开始工作啦   6

报警电话   8

消防车能跑多快   10

森林火灾   12

消防车内   14

救援任务   16

灭火过程   18

火灾收尾   20

业余锻炼   22

新闻报道   24

注意安全   26

答题小贴士   28

参考答案   30

本书涵盖的数学内容：

数字与数字系统
2 的倍数
分数
数轴
数字顺序

形状、空间和计量单位
计量单位
指南针
平面图形
指方向
用尺子测量
位置与方向
仪表盘与刻度
认时间

数据处理
统计表
解读数据
平面图
象形图

解决问题
容积
找差
长度
时间
重量
计算成本

心算
加法与减法
数数
除法
乘法

适合 6~8 岁儿童

欢迎来到消防队

你现在是一名消防员，在繁忙的消防队工作。你帮助灭火，还会救人于困境之中，你的工作虽然危险，但你却很开心，因为你的工作能拯救生命。

消防员要做哪些工作？

为住宅、商业区或办公大楼灭火。

到乡村去灭火。

演示如何灭火。

给小朋友宣传消防知识。

你知道消防员有时在工作中也
会用到数学知识吗？

在这本书中，你将看到许多消防员需要解决的数学问题。与此同时，你也有机会解答许多关于火灾、消防员和消防安全的数学问题。

书中都有哪些内容？

了解你每天的工作内容。

看一看有关消防员的知识。

回答问题，锻炼数学能力。

这些图表能帮助你回答数学问题。

书中第 28~29 页有答题小贴士。

你准备好成为今天的消防员了吗？

你需要一张纸、一支笔和一把尺子。可别忘记穿上你的消防服哦！出发啦！

消防站

你是镇上消防站的一名消防员，随时可能接到救火任务，要面对各种各样的火灾。因为不仅住宅会着火，乡间野外也会发生火灾。

以下是消防队的人员组成：

2名队长：决定如何救火

2名组长：指挥队员救火

12名消防员：实施救火作业

1 如果把上述人员平均分配到2个小组，请问每组有几个人？

2 消防队非常忙碌！去年你们一共扑灭了 130 起大火和 100 起小火。请问大火比小火多几起？

3 去年你们扑灭了 60 起汽车火灾和 15 起住宅火灾。请问汽车火灾和住宅火灾一共发生了多少起？

火灾都会发生在哪里？

右边的图表显示了上个月的火灾数量情况。

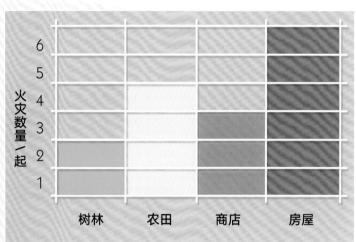

火灾数量／起

6 5 4 3 2 1

树林　农田　商店　房屋

4 有多少起火灾发生在农田里？

5 总共发生了多少起火灾？

大多数消防站
会配备 2 辆以上
的消防车。

开始工作啦

到了消防站以后，即使没有救火任务，也有许多事情要做。要检查消防车，保证设备完好，还要打扫卫生，使消防站干净整洁。

消防站要 24 小时有人在岗，因此实行换班制。"班"是指消防员工作的时间段，消防员可能上白班，也可能上夜班。

1 这周你要上 4 天白班，那么有几天你上夜班？

2 左边的钟表显示了你早晨上班的时间，请问是几点？

昨天的日程表

昨天，你没有救火任务，这是你做的事情：

9：00 到 10：30	检查消防车
10：30 到 11：00	休息
11：00 到 12：00	训练
12：00 到 1：00	打扫卫生
1：00 到 2：00	吃午饭

3 10：00 的时候，你在干什么？

4 11：30 的时候，你在干什么？

5 1：15 的时候，你在干什么？

6 午饭时间结束后，你又花了 1 小时打扫卫生。随后陪着一群小朋友参观消防站，之后你就下班回家了。你的下班时间是下午 5 点钟，请问你带小朋友参观了多久？

崭新的消防服

今天你得到了新的消防服！仓库里有许多消防帽、裤子和上衣。你选了一套最合身的衣服！

7 消防帽和上衣在数量上相差了几件？

8 裤子和上衣在数量上相差了几件？

14 顶消防帽   36 条裤子   18 件上衣

报警电话

镇上发生了火灾，有人拨打了火警电话。话音未落，消防站警报响起，所有消防员迅速跳上消防车。仅用了 1 分钟，你们就从消防站出发了，现在正在赶往火灾现场的途中。

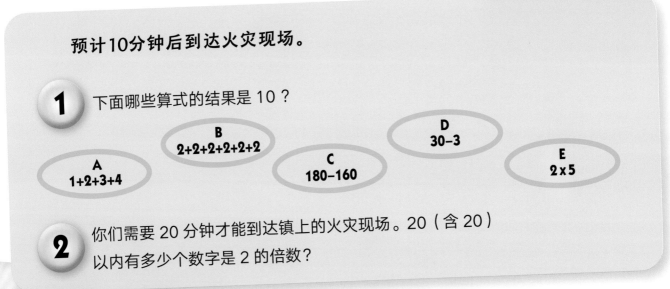

预计10分钟后到达火灾现场。

1 下面哪些算式的结果是 10？

A
1+2+3+4

B
2+2+2+2+2+2

C
180−160

D
30−3

E
2×5

2 你们需要 20 分钟才能到达镇上的火灾现场。20（含 20）以内有多少个数字是 2 的倍数？

受过特殊训练的接线员
接听火警专线电话，
弄清火灾信息并通知消防队。

3 火灾警报响起。消防员需要在 1 分钟内上车出发，然后 2 分钟内驶入交通干道，最后在 3 分钟内到达火灾现场。请问从警报响起到抵达火灾现场共需要多长时间？

哪里发生了火灾？

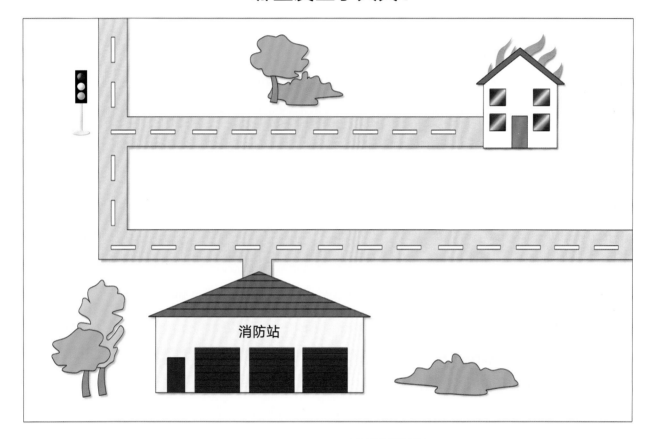

4 看看这张镇上的地图，你要替司机指路。你会选择走哪条路，A、B 还是 C？

A 出了消防站左转，沿路左转，看到信号灯，在路口右转。

B 出了消防站右转，沿路左转，看到信号灯，在路口左转。

C 出了消防站左转，沿路右转，看到信号灯，在路口右转。

消防车能跑多快

消防车在车流中飞驰。警灯闪烁，警笛长鸣。警灯和警笛在告诉其他驾驶员，消防车来了，赶快让路。

这是主干道上一个车道的车流。

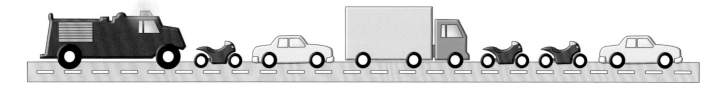

1 图中有多少辆车需要给消防车让路？

2 消防车 3 分钟能跑 2 千米。那 6 分钟能跑多远？

3 警灯 1 分钟闪 60 下，$1\frac{1}{2}$ 分钟闪多少下？

消防车司机
受过特殊训练，
能安全高速地驾驶汽车。

这是一个有16个方格的表格。

1	2	🌳	4
5	🔥	7	8
9	10	11	🏠
🚒	14	15	16

4 表中数字 14 的左边是什么？

5 表中数字 2 的右边又是什么？

6 "房屋"在什么数字的位置上？

7 表中数字 7 的左边是什么？

图例

🌳 大树

🔥 篝火

🚒 消防车

🏠 房屋

森林火灾

森林里发生了火灾。在干燥炎热的天气里森林很容易发生火灾。干燥的树木和叶子就是燃料，在遇到大风时，森林大火会快速蔓延。

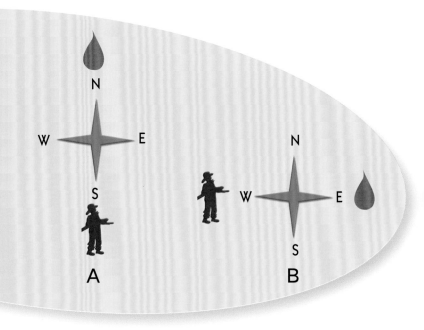

消防员会先测风向。如果风朝你吹来，你站在大火前面是非常危险的。

1 如果风正从北边向南边刮，消防员处于火势南面，图 A 中的消防员安全吗？

2 如果风正从西边向东边刮，消防员处于火势西面，图 B 中的消防员安全吗？

一场大火 1 小时内能烧毁大约 2 平方千米的森林。

火灾起因统计表

火灾起因	火灾次数
雷击	🔸
篝火	🔸🔸🔸🔸🔸
故意纵火	🔸🔸🔸

🔸 = 1起火灾

消防员会寻找线索，查明火灾的起因。左边的统计表展示了去年森林火灾的起因。

3 大多数火灾的起因是什么？

4 请问去年总共发生了几起森林火灾？

5 森林大火之后，有些树烧死了，但也有些树到了春天又活过来了，长出了新芽。下图中，有多少棵树被烧毁了？

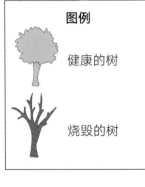

图例

健康的树

烧毁的树

消防车内

消防车上的森林救火设备一应俱全：有 1800 升水、长长的水管和各式各样的梯子。车上还有强光照明灯，能帮助消防员在黑暗的环境中工作。

消防车里有长 $13\frac{1}{2}$ 米和 $10\frac{1}{2}$ 米两种规格的梯子。

1 长梯子比短梯子长了几米？

你可以看到右边这个梯子的前 8 节阶梯。

2 你站在右图的第 4 节阶梯上，往下走了 2 节。现在你站在第几节阶梯上？

3 你站在右图的第 3 节阶梯上，往上走了 5 节。现在你站在第几节阶梯上？

消防员要确保火被
彻底扑灭，
才能到下一个地方去。

消防车能在 1 秒钟
抽出大约 40 升的水。

消防车上备有 1000 米
长的水管。

4 那么 3 秒钟能抽出多少升水？

水车

除消防车外，消防队还有水车，能装 9000
多升水呢！这可比消防车装的多多了！

5 消防车有 2 根水管，水车有 5 根水管。请问 2 辆
消防车和 1 辆水车共有多少根水管？

森林大火终于被扑灭了！可消防站却通知你，镇上又有一起火
灾，希望你们能马上赶去救援。

救援任务

要赶去下一处火灾现场了！现在你已经到达着火的房屋。开始救火前，你首先要搞清楚火是从哪里烧起来的，然后要确定房子里面是不是还有人。

右边就是着火的房子，你和队友们正商量如何救火。

1 说说下面这些东西的形状吧！

A 屋顶   D 门左边的窗户

B 门   E 门右边的窗户

C 最上面的窗户

房子里面的人都已经安全逃出来了。等一下！你听到了"汪汪"声，是狗狗罗斯提被困在了楼上。你迅速拿出梯子，准备营救！你总共花了：

2 分钟爬梯子 ⟶ 3 分钟在房子里寻找 ⟶
1 分钟把狗抬起来 ⟶ 2 分钟把狗带出火场

2 你救出罗斯提一共花了多长时间？

3 狗狗好重！你把它救出来以后，放在秤上称了一下！看看右边的秤，狗狗有多重？

4 当然啦，狗狗还是比人要轻得多啦！有一次，你从着火的大楼里背了一个女孩出来，她的体重可是罗斯提的 3 倍呢！那么你知道这个女孩有多重吗？

火势很猛，在迅速蔓延。

手套里有隔热层，能防止手被烧伤！

4 这是你的一只手套的背面。这是你的右手手套还是左手手套呢？

灭火过程

房子里没有人了，现在你可以专心灭火啦！灭火过程中要用到大量的水，喷水时水管要对准起火的地方，而不是火焰。很快，大火就被扑灭啦！

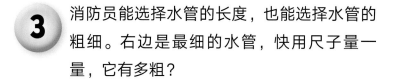

遇到紧急情况，
消防员可以从最近的池塘取水。

1 有 15 米长的红色水管和 30 米长的黑色水管。如果需要 1 根 45 米长的水管，你需要把几根红色水管和几根黑色水管拼接在一起？

2 如果需要 1 根 75 米长的水管，用几根红色水管和几根黑色水管拼接在一起最好？注意水管的数量应该越少越好！

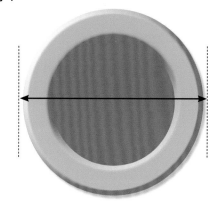

3 消防员能选择水管的长度，也能选择水管的粗细。右边是最细的水管，快用尺子量一量，它有多粗？

4 水管粗就能抽出更多的水灭火！看看下面的数轴，哪个字母代表的应该是数字 6？

5 字母 E 代表几厘米？

消防员能控制喷水的
流量和方式。

火灾收尾

　　大火已经被扑灭了，但是重新回到房子里安全吗？你和队友们要检查是不是还有再次起火的隐患，也要再检查一下房子，确保人进去是安全的。

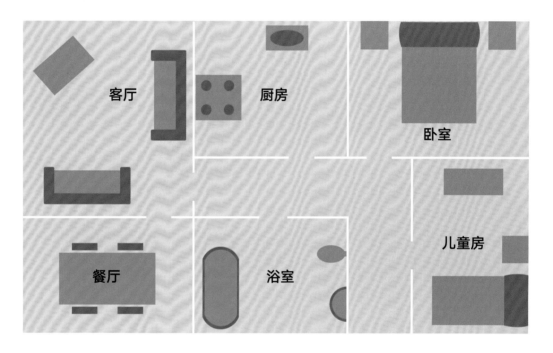

客厅　厨房　卧室　餐厅　浴室　儿童房

1 这是房屋的平面图。你要检查每个房间，确保火已被彻底扑灭。你一共要检查多少个房间？

2 你需要依次检查厨房、客厅、餐厅和浴室。你是顺时针还是逆时针做的检查？

3 这个房子里有几个卧室？

火灾中许多东西被烧毁了，你帮忙把
这些东西清理出来，装起来准备扔掉。

4 个垃圾桶　　　　　5个黑色垃圾袋　　　　　8个箱子

4 这些数字在下面算式中都用到啦！你能完成这些
运算吗？

D
8 ÷ 4=

B
8 − 4=

A
5 + 8=

C
4 x 5=

毁坏房屋的
不仅仅是火灾，高温、烟雾、
烟尘和水也会造成损害。

业余锻炼

消防员必须身强体壮，每天在工作中都要弯腰、弓背、手抬和肩扛，所以业余时间要多做运动，增强体质，以便应对各种危险。

1 你有一副哑铃，但是你想要买一副新的，最好价格低于 17 英镑，重量不大于 4 千克。下面哪一种最好？

种类	价格	重量
第一种	10 英镑	5 千克
第二种	20 英镑	4 千克
第三种	15 英镑	4 千克
第四种	16 英镑	5 千克

在跑步机上跑步是消防员健身的一种方式。

2 你可以跳绳，快数数跳了多少下。你先跳了 35 下，又跳了 34 下，总共跳了多少下？

运动的时候，心率会加快，我们可以通过脉搏的跳动来了解心率的快慢。

3 跳绳前，你的心率是每分钟 75 下。跳完绳后，心率上升到每分钟 92 下。跳绳后比跳绳前心率每分钟增加了多少？

4 运动以后，你躺在垫子上放松了一会儿。下面的说法正确吗？

A 垫子的宽大于 0.5 米。

B 垫子有 1 米长。

C 垫子的长是宽的 2 倍。

120 厘米

60 厘米

消防员必须身体强壮，消防服和装备就有 36 千克重，这还没算要救的人的重量呢！

新闻报道

当地新闻会报道重大火灾事故，消防队也常出现在报道中。你告诉记者火灾的起因、被救的人数，以及灭火的情况。

当地新闻

每周三和周六出版

50 便士

火中脱险！

昨天，晚上七点左右，纽约路的一栋楼房发生火灾。九名消防员前往灭火，仅仅一小时八分钟就扑灭了大火，消防员安琪把受困人员救了出来。二十六岁的安琪，已经在消防队工作了三年。她热爱消防工作，到目前为止，已经参与扑灭了四十八起大火。

纽约路 20 号发生火灾，旁边两幢楼房也有损坏。

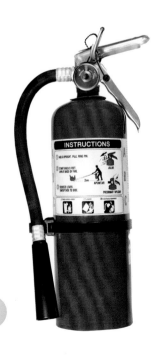

1 买一份报纸要多少钱？

2 报纸一周出版几次？

3 安琪是多大参加消防工作的？

4 起火楼房的门牌号是多少？

灭火工作非常危险。
安琪随身携带着报警器，
如果她失去了意识，
报警器就会发出
很大响声——哔！哔！

看看前面的新闻报道。报道中的所有数字都是以汉字形式表述的！你能用阿拉伯数字回答下面问题吗？

5 有多少名消防员参与了这次灭火工作？

6 安琪现在多大了？

7 消防员扑灭大火总共花了多长时间？

8 到目前为止安琪已经参加了多少起灭火任务？

注意安全

消防员发现着火了，他们知道该怎么处理。如果遇到这种情况，你知道怎么做吗？不要自己去灭火，你应该报警，尽快逃出着火的房子，告诉大人里面着火了，或者直接拨打电话报警。

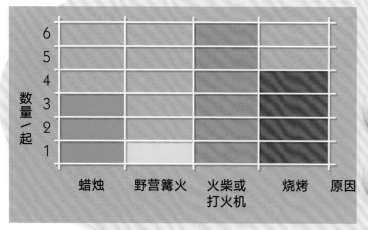

起火的原因统计图

左边的统计图显示了起火的原因。

1 由于使用火柴或打火机不当引发了多少起火灾？

2 野营篝火和烧烤引发的火灾一共是多少起？

3 引发火灾次数最少的原因是什么？

A

B

C

D

4 为了生命安全，我们要明白消防标志的含义。说说看，这些消防标志是什么形状吧。

A 危险　B 火警电话　C 灭火器　D 紧急出口

蜡烛上 1 段间隔表示能燃烧 1 小时。

5 如果你依次点燃 2 根蜡烛，那么 2 根蜡烛一共能亮几小时？

6 如果你同时点燃 2 根蜡烛，那么 2 根蜡烛能同时亮几小时？

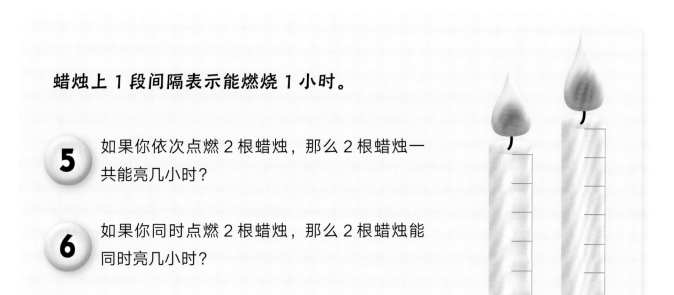

使用火时一定要注意安全哦！没有火灾，消防员是最开心的！

答题小贴士

第 4~5 页

分组： 一个整数可以平均分成相同的一组数字，这组数字的总和就是这个整数。在这里每一组都是一支消防队。

方块图： 方块图是可以比较两种信息的图表。图中 1 个"方格"表示 1 起火灾。该图在比较不同种类火灾的数量。

第 6~7 页

认时间： 当时针在两个数字之间，分针指向数字 6，就表示整点过了半小时，如果是 8 点过了一半，就是 8 点半。

找差： 寻找两个数字之间的差就是做减法。比如头盔和上衣的数量之差可以写成 18−14。记住，做减法的时候，大的数字放在前面。

第 8~9 页

2 的倍数： 找 2 的倍数能帮助你学习 2 的倍数的数列。比如：0，2，4，6，8，10，12，14，16，18，20，22，24……以此类推。

看地图： 把地图转到你面朝的方向，你就能直接跟着地图走。如果你需要的话，可以把书转过来，这样地图上的路和你要去的方向就是一致的。

第 10~11 页

一半： 一半的符号是 $\frac{1}{2}$，"1"表示数字 1，"—"是分数线"2"表示数字 2。

第 12~13 页

指南针： 指南针表盘上的 E、W、S、N 分别代表东、西、南、北四个方向，而指针指向的方向是北方，掌握指南针有利于我们辨别方向。

象形图： 在象形图中，图案是代表信息的符号。火灾起因统计图中，1 个火焰图标代表 1 场火灾。

第 14~15 页

数轴： 梯子就好比数轴，每一节阶梯都可以表示一个数字。你可以利用数轴上下或前后数数。

第 16~17 页
图形： 平面图形要看边和角。正方形是四边等长，有 4 个直角。长方形是两边等长，两边等宽，有 4 个直角。三角形有 3 条边。圆形上的任意一个点到圆心的距离相等。

仪表盘和刻度： 在数学中，我们可以通过仪表盘和刻度读出测量的值。但要注意计量单位，比如书中的称是以千克为单位的。

第 22~23 页
读表： 把收集的信息列举出来，就成了一张表。表格一般都是一列一列分布的，方便比较。通过这张表可以对比 4 种哑铃的价格和重量。

第 18 页
用尺子测量： 把尺子"0"刻度线对准水管一侧，接着看水管另一侧对应的数字，这样就可以量出水管的粗细了！

第 24~25 页
数字： 数字可以写成汉字"一、二、三……"，也可以写成阿拉伯数字。十个阿拉伯数字 0、1、2、3、4、5、6、7、8、9，可以表示所有的数。数字所处位置不同代表的数量也不同，比如在 123 中，1 表示 100，在 12 中，1 表示 10，在 31 中，1 表示 1。100 便士等于 1 英磅；1 英磅约等于 10 元。

第 20~21 页
顺时针： 转动方向与钟表指针转动的方向一致。
逆时针： 转动方向与钟表指针转动的方向相反。

第 26~27 页
标志： 能看懂标志很重要！在大楼、街道甚至家里，都能看到标志，通常都是警示标志。要仔细分辨标志的形状，许多标志的形状很相似。

参考答案

第 4~5 页

1 8 个
2 30 起
3 75 起
4 4 起
5 15 起

第 6~7 页

1 3 天
2 8：30
3 检查消防车
4 训练
5 吃午饭
6 2 小时
7 4 件
8 18 件

第 8~9 页

1 A 和 E
2 10 个
3 6 分钟
4 C

第 10~11 页

1 6 辆车
2 4 千米
3 90 下
4 消防车
5 大树
6 12
7 篝火

第 12~13 页

1 不安全
2 安全
3 篝火
4 9 起
5 11 颗树

第 14~15 页

1 3 米
2 第 2 节
3 第 8 节
4 120 升
5 9 根水管

第 16~17 页

1 A 三角形
   B 长方形
   C 长方形
   D 正方形
   E 圆形
2 8 分钟
3 20 千克
4 60 千克
5 右手手套

第 18 页

1 1 根黑色水管和 1 根红
   色水管
2 1 根红色水管和 2 根黑
   色水管
3 5 厘米
4 D
5 9 厘米

第 20~21 页

1 6 个房间
2 逆时针
3 2 个
4 A 13 B 4
   C 20 D 2

第 22~23 页

1 第三种
2 69 下
3 17 下
4 A 正确
   B 错误
   C 正确

第 24~25 页

1 50 便士
2 2 次
3 23 岁
4 纽约路 20 号
5 9 名
6 26 岁
7 1 小时 8 分钟
8 48 起

第 26~27 页

1 6 起
2 5 起
3 野营篝火
4 A 三角形 B 圆形
   C 正方形 D 长方形
5 11 小时
6 5 小时

从小就做数学高手

6~8岁

海洋巨人

［英］温蒂·克莱姆森◎著　宁波大学翻译团队◎译

贵州科技出版社

图书在版编目（CIP）数据

从小就做数学高手：6～8岁. 海洋巨人 /（英）温蒂·克莱姆森著；宁波大学翻译团队译. -- 贵阳：贵州科技出版社，2022.8

ISBN 978-7-5532-1067-4

Ⅰ. ①从… Ⅱ. ①温… ②宁… Ⅲ. ①数学－儿童读物 Ⅳ. ① O1-49

中国版本图书馆 CIP 数据核字（2022）第 095246 号

著作权合同登记 图字：22-2022-019 号

从小就做数学高手：6~8 岁 海洋巨人
CONGXIAO JIUZUO SHUXUE GAOSHOU：6~8 SUI HAIYANG JUREN

出版发行	贵州科技出版社
地　　址	贵阳市中天会展城会展东路 A 座（邮政编码：550081）
网　　址	http://www.gzstph.com
出 版 人	朱文迅
经　　销	全国各地新华书店
印　　刷	天津创先河普业印刷有限公司
版　　次	2022 年 8 月第 1 版
	2022 年 8 月第 1 次印刷
开　　本	889mm×1194mm　1/16
印　　张	12（全 6 册）
字　　数	300 千字（全 6 册）
印　　量	1~5000 册
定　　价	198.00 元（全 6 册）

天猫旗舰店：http://gzkjcbs.tmall.com
京东专营店：http://mall.jd.com/index-10293347.html

目 录

大洋深处   2

去潜水   4

超级油轮和大型船只   6

北极地区的动物   8

运动中的虎鲸   10

躲开水母   12

鲨鱼袭击   14

巨型章鱼和巨型鱿鱼   16

漂泊信天翁   18

观赏鲸   20

活泼的海豚   22

魔鬼鱼（蝠鲼）   24

最后一次潜水   26

答题小贴士   28

参考答案   30

本书涵盖的数学内容：

数字与数字系统
比较和排序
四舍五入
最接近的数字

形状、空间和计量单位
平面图形
计量
用尺子测量

数据处理
网格地图
块状图
分类
象形图

解决问题
预测
中间的数字
5 的倍数

心算
减法
乘法

适合 6~8 岁儿童

大洋深处

你是一名深海潜水员，可以探索神奇的水下世界。在大洋深处，有许许多多的海洋生物，如体型庞大的章鱼、鲸等。你可以到世界各地的海中潜水。现在就开始新的旅程吧！

深海潜水员的工作令人兴奋又非常重要。

深海潜水员有时要搜寻沉船，还要找出船沉没的原因。

深海潜水员要在水下修理船只和海底管道。

深海潜水员可以在水下拍照。这些照片可以用在电影、电视节目和广告中。

深海潜水员也可以是研究鱼类、海底植物、岩石和海水的科学家。

你知道深海潜水员在探索水下世界的过程中也需要用到数学知识吗？

在这本书中，你将看到潜水员需要解决的数学问题。与此同时，你也有机会解答很多关于海洋生物的数学问题。

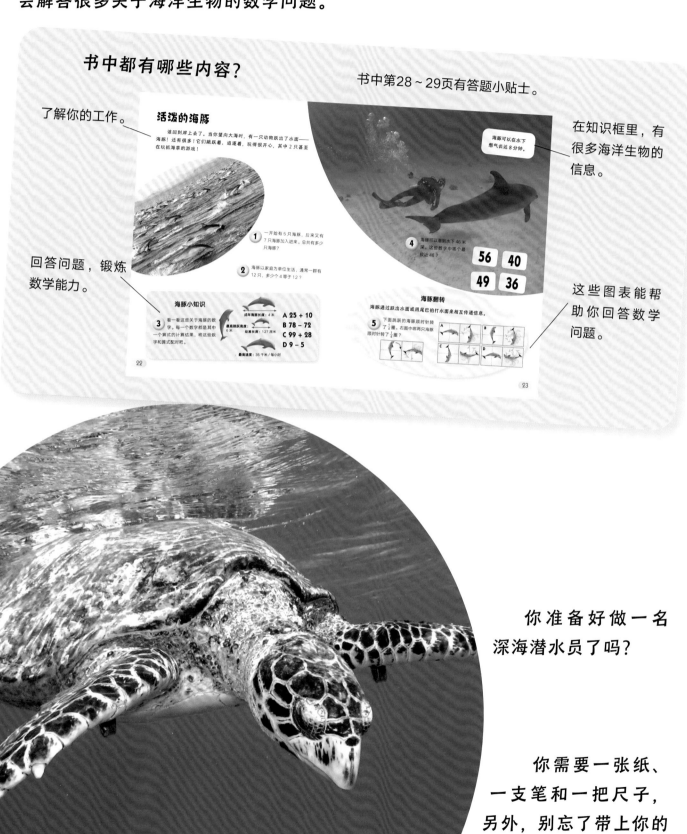

书中都有哪些内容？

了解你的工作。

回答问题，锻炼数学能力。

书中第28～29页有答题小贴士。

在知识框里，有很多海洋生物的信息。

这些图表能帮助你回答数学问题。

你准备好做一名深海潜水员了吗？

你需要一张纸、一支笔和一把尺子，另外，别忘了带上你的潜水服！出发啦！

3

去潜水

　　海水很冷，你需要穿上厚厚的潜水服来保暖，还要戴上潜水面罩、穿上厚厚的脚蹼。你背上的氧气罐，是为了让你能在水下呼吸，而铅坠则可以防止你向上漂浮！

　　右侧方框里是你会用到的潜水设备。

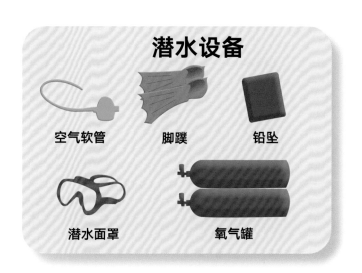

潜水设备

空气软管　　脚蹼　　铅坠

潜水面罩　　氧气罐

1 空气软管的位置在氧气罐的上面还是下面？

2 脚蹼的右边是什么？

3 潜水面罩的正上方是什么？

大多数潜水活动
大约持续 1 小时，
但有些任务需要更长时间。
你有时候可能要在水下待上
2~3 小时，
甚至 4 小时。

在水下你能看到很多海洋生物，你可以把这些海洋生物记录在下面这样的地图上。

水下地图

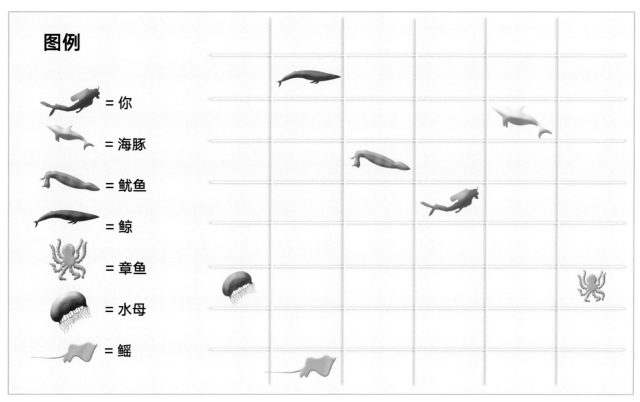

图例

= 你

= 海豚

= 鱿鱼

= 鲸

= 章鱼

= 水母

= 鳐

请根据水下地图，回答以下问题。如果要到达海豚的位置，你必须向上移动 2 格，再向右移动 1 格；另一种方法是向右移动 1 格，再向上移动 2 格。

4 你怎样到达鲸的位置？

5 你如何到达水母的位置？

6 鳐在你向下 4 格、向右 2 格的位置——对的还是错的？

超级油轮和大型船只

你乘坐一艘船前往潜水地点。你向大海望去，看到一艘超级油轮。这是把石油运往世界各地的大船。超级油轮非常庞大，是人造的海洋巨人！

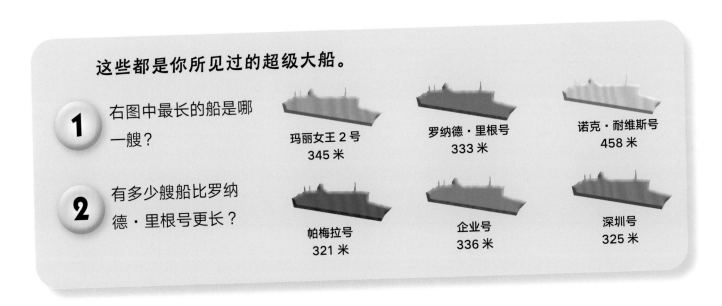

这些都是你所见过的超级大船。

1 右图中最长的船是哪一艘？

玛丽女王 2 号
345 米

罗纳德·里根号
333 米

诺克·耐维斯号
458 米

2 有多少艘船比罗纳德·里根号更长？

帕梅拉号
321 米

企业号
336 米

深圳号
325 米

船的速度是以节来计算的。1 节大约是每小时 2 千米，所以一艘以 30 节速度航行的船每小时大约行进 60 千米。

船速表

船	速度 / 节
玛丽女王 2 号	30
帕梅拉号	26
罗纳德·里根号	30
企业号	$33\frac{1}{2}$
诺克·耐维斯号	16
深圳号	25

3 船速表中哪一艘船最快？

4 哪些船以同样的速度航行？

5 看看这张表并结合第 6 页上的船。最长的船也是最慢的船吗？

超级油轮是世界上最大的船舶，船体长度差不多为 500 米。

北极地区的动物

你的船驶向北极附近的海域。你们要在这里研究海狮和海象。你要弄清楚这些动物能下潜到多深，以什么为食。你会发现这些动物甚至比你更擅长潜水！

海狮在海岸附近聚集，所以不需要走多远就能下水。

1 海狮可以在水下待 40 分钟。一只海狮已经在水下待了 18 分钟，它还能在水下待多久？

2 海狮可以下潜到水下 240 米，你在水下 40 米看到了一只海狮，那么它还能再向下潜多少米？

雄性海狮身长约 3 米，
体重约 1 吨。

雄性海象身长达 3.5 米，
体重超 1.5 吨。

海象吃什么？

你花了几天时间观察一只海象。

这是一幅块状图，记录了海象所吃的食物。

海象进食统计图

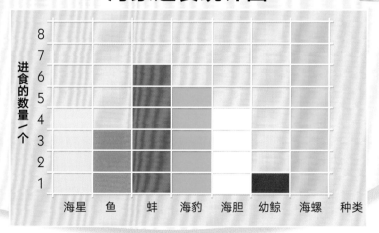

进食的数量／个

| 8 | 7 | 6 | 5 | 4 | 3 | 2 | 1 |

海星　鱼　蚌　海豹　海胆　幼鲸　海螺　种类

3 这只海象吃了多少个海螺？

5 鱼和海豹的数量相差多少？

4 海象吃了 4 个哪种海洋生物？

6 海象总共吃掉了多少个海洋生物？

运动中的虎鲸

你的下一个任务是观察一群虎鲸。虎鲸是世界上最大的海豚科动物，也是凶猛的猎手，它们会在水里游走翻腾着捉鱼。不过，和虎鲸一起潜水倒是安全的，因为它们是不吃人的。

虎鲸游得很快，1分钟就能游大约1千米。

1 一头虎鲸向一大群鱼游去。如果鱼群在5千米以外，它多久可以追上鱼群？

2 另一头虎鲸2分钟就能追上鱼群。那么，它和鱼群的距离是多少？

虎鲸在船的周围嬉戏，跃出水面。这个时候，你可以看到它们身上的黑白图案。每头虎鲸身上的图案都略有不同，科学家们可以根据这些图案辨识每一头虎鲸。

3 科学家们要擅长辨别图案。以下图案中的下一个正方形分别是什么颜色——是黑色还是白色？

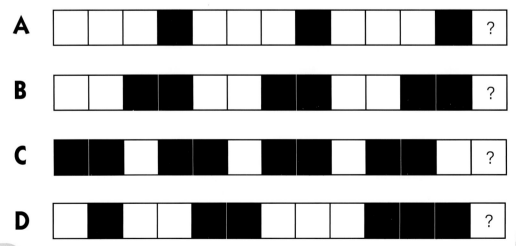

A

B

C

D

4 虎鲸是一种群居动物。你看到的第一群虎鲸有 5 头，其中 2 头离开了。然后第二群 9 头虎鲸加入了第一群。现在这里有多少头虎鲸？

躲开水母

你正在潜水，寻找世界上最大的水母之一——狮鬃水母。你不需要下潜很深就能发现它，因为这种水母体型很大，几乎和你一样大。不过，你得离它的触须远一些，一旦它碰到你的皮肤就会蜇你！

1 在这片海域中可以看到很多不同类型的水母。下面有一幅图，显示不同类型的水母，并用连线表示哪些水母属于同一类群。请问图中出现了什么图形？

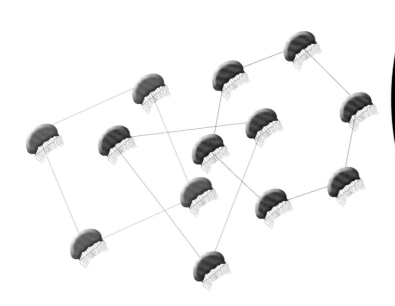

狮鬃水母有长长的漂浮触须，长可达 35 米。

2 在 30 和 35 之间的整数有哪些？

3 在 36 以内有多少个 5 的倍数？

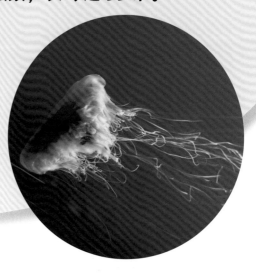

4 你看到一只 1 岁大的狮鬃水母，如果按天算，大约是多大？

5 你看见一只大约 2 个月大的狮鬃水母。如果按天算，大约是多大？

水母没有大脑、心脏、眼睛、耳朵和骨骼。

鲨鱼袭击

你的下一个任务是去世界的另一端，收集有关鲨鱼的信息。鲨鱼生活在温暖的水域，所以你将离开北极向南走。有些鲨鱼会攻击人类，你可以待在船上收集信息。

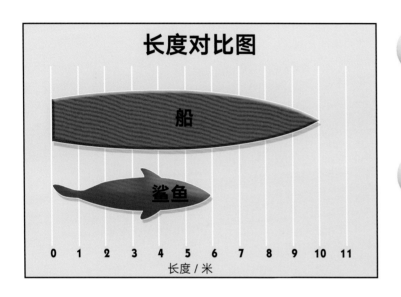

长度对比图

船

鲨鱼

0 1 2 3 4 5 6 7 8 9 10 11
长度 / 米

1 如图所示，一条鲨鱼从你的船旁边游过，这条鲨鱼有多长？

2 鲨鱼的长度和船的长度相差多少？

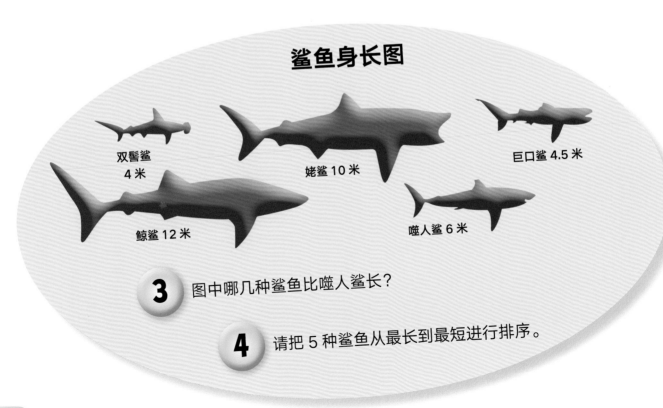

鲨鱼身长图

双髻鲨
4 米

姥鲨 10 米

巨口鲨 4.5 米

鲸鲨 12 米

噬人鲨 6 米

3 图中哪几种鲨鱼比噬人鲨长？

4 请把 5 种鲨鱼从最长到最短进行排序。

5 把鱼饵放进水里，等待一会儿。突然，一条大白鲨从水中冲了出来。当鲨鱼咬住鱼饵时，你可以看到它锋利的牙齿。数一数，你能看到多少颗鲨鱼的牙齿。一般来说，鲨鱼上面有 26 颗牙齿，下面有 24 颗牙齿。那么，鲨鱼总共有多少颗牙齿？

在鲨鱼的前牙后面，有大约 3000 颗备用牙齿！

用你的尺子沿着虚线量一量。

6 鲨鱼的一颗牙齿掉了出来，卡在了鱼饵里！现在你可以研究鲨鱼这颗牙齿了。它大约有多长？

巨型章鱼和巨型鱿鱼

现在你要离开海岸，进入更深的水域，去寻找海洋中最神秘的两种生物：巨型章鱼和巨型鱿鱼。人们很少见到巨型章鱼，而人们也从未见过活着的巨型鱿鱼。你也许够幸运，能找到它们！

巨型鱿鱼大概有 12 米长。目前还没有科学家看见过活着的巨型鱿鱼，但科学家在鲸的胃里发现了巨型鱿鱼残骸，通过这些残骸可以推测出其长度。科学家认为巨型鱿鱼看起来和这里的鱿鱼很像。

2 条触须

2 片鳍

8 条腕足

1 4 只鱿鱼身上总共有多少片鳍？

2 7 只鱿鱼身上总共有多少条触须？

3 2 只鱿鱼身上总共有多少条腕足？

比小型公共汽车还长

4 有些鱿鱼有 2 辆小型公共汽车那么长。看一看这排小型公共汽车，可以测量出多少只鱿鱼的长度？

巨型章鱼
长可达 5 米。

巨型章鱼不仅很长，而且很重。
有些巨型章鱼重达 180 千克！

章鱼示意图

5 1 只章鱼有 8 条腕足。以下有 2 道乘法题的答案
是 8，是哪 2 道题呢？

2 x 6 =

4 x 4 =

8 x 1 =

4 x 2 =

8 x 10 =

3 x 3 =

6 两个数字相加等于 8 的组
合有哪些？

漂泊信天翁

过去几周你一直远离陆地，在海上漂泊。突然，你发现了一只漂泊信天翁——世界上最大的海鸟。这里离最近的海岸有数百千米，但这只信天翁并不担心。因为它在海上多年，从未在陆地上停留过。

鸟的翼展是指从一只翅膀的尖端到另一只翅膀尖端的长度。这只漂泊信天翁的翼展有 2 米多。

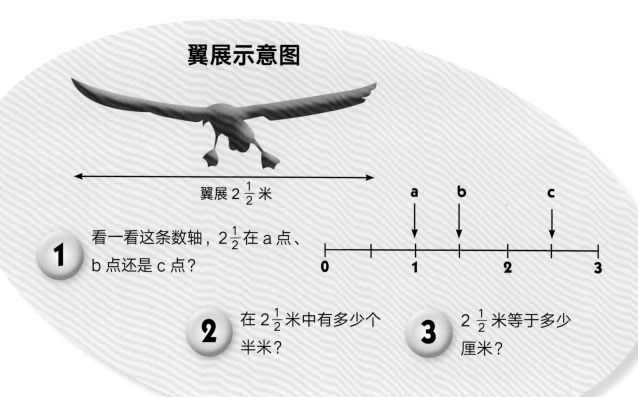

翼展示意图

翼展 $2\frac{1}{2}$ 米

1 看一看这条数轴，$2\frac{1}{2}$ 在 a 点、b 点还是 c 点？

2 在 $2\frac{1}{2}$ 米中有多少个半米？

3 $2\frac{1}{2}$ 米等于多少厘米？

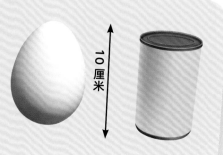

漂泊信天翁是一种大型鸟，下的蛋也很大，大约有 10 厘米长，相当于一个汤罐的高度！

10 厘米

科学家有时会给这些鸟挂上标牌来追踪它们，以便获得更多信息，标牌会告诉你每只鸟多大了，下面是它们的年龄。

A 22岁　　　　B 38岁　　　　C 14岁　　　　D 7岁　　　　E 23岁

4 你能把每只鸟的年龄四舍五入到十位吗？

漂泊信天翁
可以活到 80 岁。

观赏鲸

虽然鲸是庞然大物，但是也很难见到！你接下来的任务就是收集鲸的信息。你身处太平洋，在这个海域可以看到许多不同种类的鲸。该穿上潜水服下海了！

小须鲸：长 7~10 米

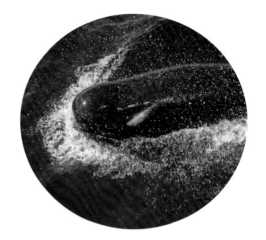

领航鲸：长 5~6 米

哪种鲸？

1 你发现了一头鲸，长度在 5~10 米之间。它是小须鲸还是领航鲸呢？为了搞清楚这个问题，请先做下面的计算题。这些题目能为你提供一些线索，这头鲸的长度为整数且不在这些计算结果中间。

10 ÷ 2（米）

1 + 2 + 3 + 4（米）

5 + 4（米）

10 − 3（米）

3 × 2（米）

2 领航鲸是一种群居动物，一个鲸群最多可达 50 头。一个 50 头鲸的鲸群，相当于多少个 5 头鲸的鲸群？

3 一个 50 头鲸的鲸群，能分为多少对？

4 地球上最大的动物是蓝鲸。关于蓝鲸，这里有一些令人惊奇的信息和数据。你能将这些数据与信息配对吗？

A 长度：比网球场还长。

B 每天吃的食物：3 辆小汽车的重量。

C 蓝鲸宝宝每天喝奶的量：满满一浴缸。

100 升　　　**4000 千克**　　　**33 米**

游过"巨人"

成年蓝鲸长度：35 米

5 你发现了一头蓝鲸，但它好像没有注意到你。你慢慢地从它身边游过。如果以每10 秒游 5 米的速度，你需要多少时间才能游过这头蓝鲸（假设蓝鲸静止，海水流速忽略不计）？

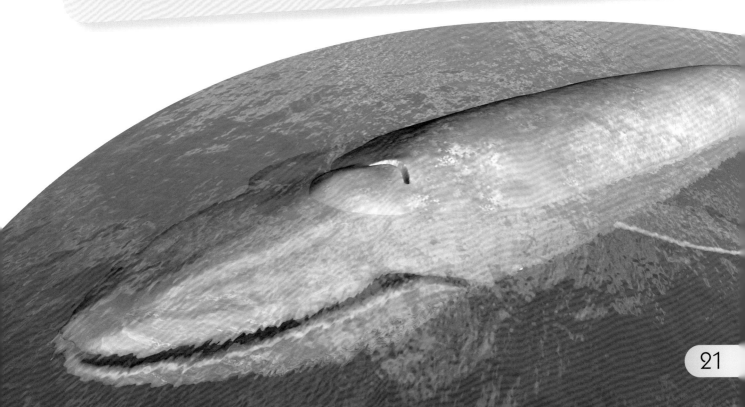

活泼的海豚

　　该回到岸上去了。当你望向大海时，有一只动物跃出了水面——海豚！还有很多！它们跳跃着、追逐着，玩得很开心，其中 2 只甚至在玩抓海草的游戏！

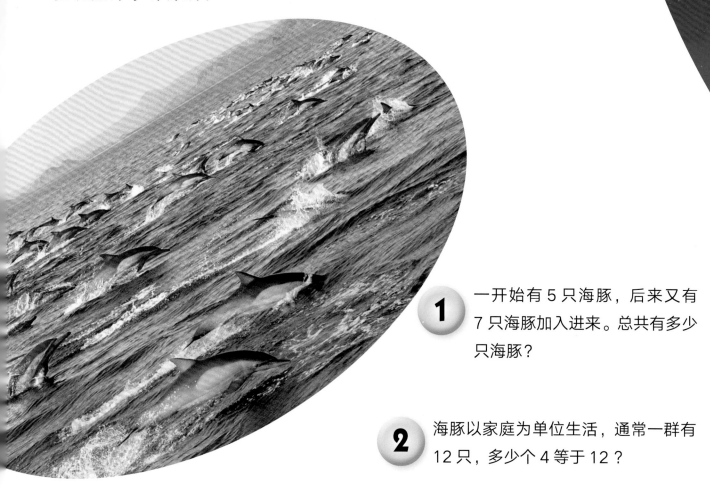

1 一开始有 5 只海豚，后来又有 7 只海豚加入进来。总共有多少只海豚？

2 海豚以家庭为单位生活，通常一群有 12 只，多少个 4 等于 12？

海豚小知识

3 看一看这些关于海豚的数字。每一个数字都是其中一个算式的计算结果，将这些数字和算式配对吧。

成年海豚长度：4 米

最高跳跃高度：6 米

幼崽长度：127 厘米

最高速度：35 千米 / 每小时

A 25 + 10

B 78 − 72

C 99 + 28

D 9 − 5

海豚可以在水下
憋气长达 8 分钟。

4 海豚可以潜到水下 46 米深。这些数字中哪个最接近 46 ？

56 **40**

49 **36**

海豚翻转

海豚通过跃出水面或用尾巴拍打水面来相互传递信息。

5 下面跳跃的海豚顺时针转了 $\frac{1}{4}$ 圈。右图中哪两只海豚顺时针转了 $\frac{1}{4}$ 圈？

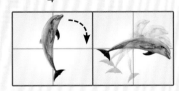

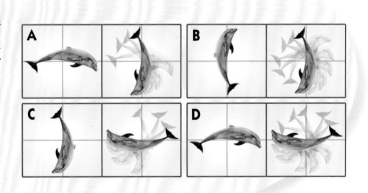

魔鬼鱼（蝠鲼）

你的船停在珊瑚礁附近。这是一个由微小海洋动物的骨头组成的海洋花园。这里的水是温的，颜色鲜艳的鱼在你周围游来游去。突然，一个巨大的阴影从你旁边掠过，这是一只魔鬼鱼（蝠鲼），至少有 7 米宽。

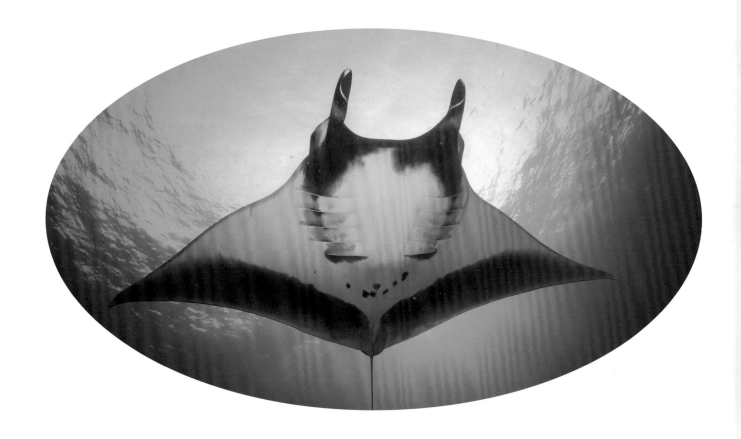

现在你需要弄清楚在你周围游动的魔鬼鱼有多大。你用网抓了一些，称它们的重量，量它们的宽度。右表是你得到的结果：

魔鬼鱼测量表

编号	宽度	重量
1 号	$4\frac{1}{2}$ 米	500 千克
2 号	$5\frac{1}{2}$ 米	1000 千克
3 号	6 米	1500 千克

1 哪只魔鬼鱼最重？

2 1 号和 3 号的宽度相差多少米？

3 1 号和 2 号的重量相差多少千克？

4 如果这只魔鬼鱼逆时针旋转了半圈，下面哪张照片能显示它旋转后的样子？

眼睛

鳍

尾巴

A

B

C

魔鬼鱼以微小的海洋生物为食，通常不会对人类构成威胁。

最后一次潜水

你在世界各地都做过潜水任务。这是本次出行的最后一次潜水了。珊瑚礁是许多动物的家园。你环顾四周，看到许多色彩鲜艳的小鱼在游动。在你观赏的时候，有一大群鱼从你身边游过。这个群体被称为"鱼群"，它们在一起迂回翻转，就像一条大鱼一样。这会使捕食者感到恐惧，从而放弃捕食它们。

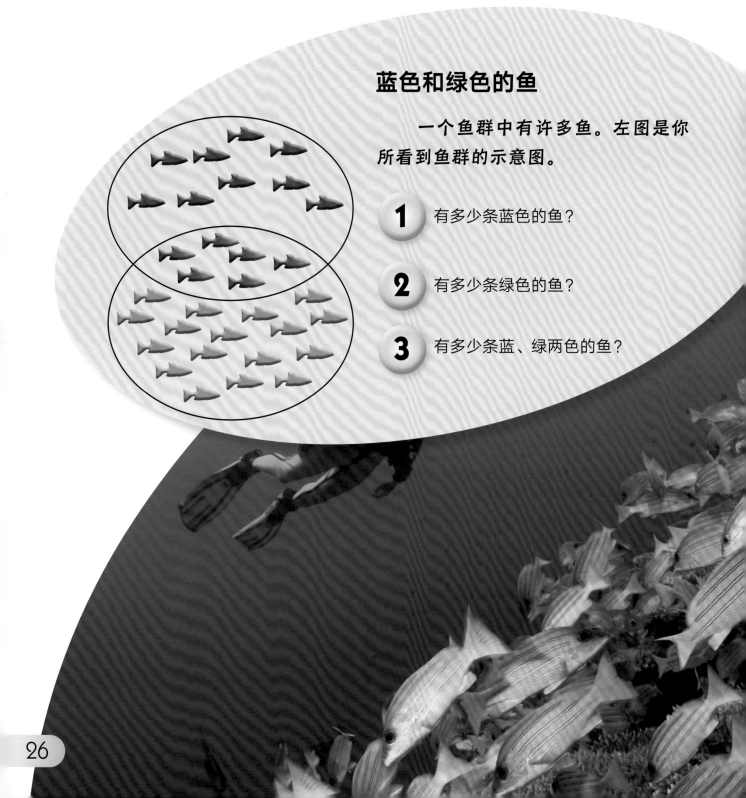

蓝色和绿色的鱼

　　一个鱼群中有许多鱼。左图是你所看到鱼群的示意图。

1 有多少条蓝色的鱼？

2 有多少条绿色的鱼？

3 有多少条蓝、绿两色的鱼？

4 你制作了一张统计图，记录了你每次潜水所看到的鱼群数量。哪一次潜水看到的鱼群最多？

5 你总共看见了多少个鱼群？

3 在第二次潜水过程中，你看见了多少个鱼群？

鱼群统计图

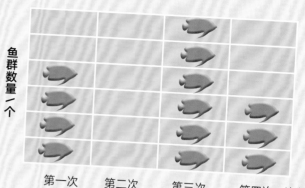

鱼群数量／个

第一次　第二次　第三次　第四次　次数

现在该回岸上了，
潜水是很有趣的，
我相信你很快又会回到水中去的！

27

答题小贴士

第 4~5 页
网格地图： 你可以通过右或左、上或下（或上或下，右或左）移动来确定网格地图上的路线。

第 6~7 页
比较和排序： 把数字按从小到大的顺序排列，先看百位，再看十位，最后看个位。

第 8~9 页
减法（减去）： 寻找简便的计算方法，例如，"40-18" 可以当做 "40-20=20，再加 2" 就可以得到答案 22。

块状图： 图中每个颜色的"方块"表示 1 个被吃掉的生物。块状图能帮助我们比较两组信息（在这里是每种海洋生物被吃掉的数量）。

第 10~11 页
预测： 当我们猜想一个图案的未知部分时，就是在预测（猜测未知的部分）。

第 12~13 页
中间的数字： 画一条数轴，就能知道范围上限和下限之间的数字有哪些。

平面图形： 计算平面图形的边数是必要的。一个三角形有 3 条边，一个六边形有 6 条边，一个矩形有 4 条边（对边的长度是相等的）和 4 个直角。

36 以内的 5 的倍数： 写下所有符合要求的 36 以内的 5 的倍数，5，10，15，20……然后数一下你写了多少个数字。

第 14~15 页
长度排序： 首先确保所有的物体都使用相同的计量单位（这里都是以米为单位）。先看哪些是两位数（鲸鲨和姥鲨），然后检查个位数。姥鲨长度的个位数为 0，鲸鲨长度的个位数为 2，所以鲸鲨是最长的。现在把那些一位数按顺序排列。

用尺子测量： 测量时，将尺子的位置摆正，"0"刻度线要对齐被测量物体的一端，然后读取另一端的刻度数值。

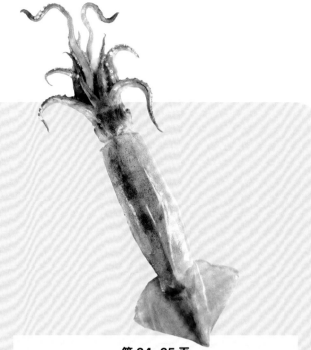

第 16~17 页

乘法：我们用符号"×"表示"相乘"。4×2等于4个2相加。

第 18~19 页

四舍五入：约整数时，如果尾数的最后一位数是4或者比4小，就把尾数去掉取零；如果尾数的最后一位数是5或者比5大，就把尾数去掉取零并在前一位进"1"。所以，7四舍五入为10，21四舍五入为20。

第 20~21 页

运算符号：

+表示加法，加号或求和；

－表示减法，负号或减去；

×表示乘法，乘号或乘以；

÷表示除法，除号或除以。

计量：我们常用升和毫升为单位来计量液体，用千克和克为单位来计量重量，用千米、米和厘米为单位来计量长度。

乘法：每10秒游5米，7个10秒就可以游7个5米。

第 22~23 页

最接近的数字：从46开始正着数，然后再倒着数。你最先数到哪个数字？49就是最接近46的数字。

顺时针：这是时钟指针转动的方式。

顺时针

第 24~25 页

宽度：当我们测量某物的大小时，我们可以看它的长度（或高度）和宽度。

转圈：圆就是一个完整的圈。

第 26~27 页

分类：这叫作"文氏图"。图中蓝色的鱼和绿色的鱼各占一个集合，重合的部分是蓝、绿两色的鱼，也是两个集合的交叉部分。

象形图：在象形图中，用图案代表信息。在这个象形图中，一个鱼的图案表示一个鱼群。

参考答案

第 4~5 页

1. 上面
2. 铅坠
3. 空气软管
4. 向上 3 格, 向左 2 格
5. 向下 2 格, 向左 3 格
6. 错误——是向下 4 格, 向左 2 格

第 6~7 页

1. 诺克·耐维斯号
2. 3 艘
3. 企业号
4. 玛丽女王 2 号和 罗纳德·里根号
5. 是的

第 8~9 页

1. 22 分钟
2. 200 米
3. 8 个海螺
4. 海星和海胆
5. 2
6. 31 个

第 10~11 页

1. 5 分钟
2. 2 千米
3. A 白色　B 白色　C 黑色　D 白色
4. 12 头虎鲸

第 12~13 页

1. 正方形、三角形和 六边形
2. 31、32、33 和 34
3. 7 个
4. 365 天大
5. 60 天大

第 14~15 页

1. 6 米
2. 4 米
3. 鲸鲨和姥鲨
4. 鲸鲨、姥鲨、噬人鲨、 巨口鲨、双髻鲨
5. 50 颗牙齿
6. 8 厘米

第 16~17 页

1. 8 片鳍
2. 14 条触须
3. 16 条腕足
4. 2 只鱿鱼
5. $4 \times 2=8$, $8 \times 1=8$
6. 0+8, 8+0, 1+7, 7+1, 2+6, 6+2, 3+5, 5+3, 4+4

第 18~19 页

1. C 点
2. 5 个
3. 250 厘米
4. A 20, B 40, C 10, D 10, E 20

第 20~21 页

1. 小须鲸：8 米
2. 10 个
3. 25 对
4. A 33 米　B 4000 千克　C 100 升
5. 70 秒或 1 分 10 秒

第 22~23 页

1. 12 只
2. 3 个
3. A 最高速度 B 最高跳跃高度 C 幼崽长度 D 成年海豚长度
4. 49
5. A 和 C

第 24~25 页

1. 3 号
2. $1\frac{1}{2}$ 米或 1.5 米
3. 500 千克
4. B

第 26~27 页

1. 9 条蓝色的鱼
2. 17 条绿色的鱼
3. 6 条蓝、绿两色的鱼
4. 第三次
5. 13 个鱼群
6. 0 个鱼群

从小就做数学高手

6~8岁

丛林探宝

[英]温蒂·克莱姆森◎著　宁波大学翻译团队◎译

贵州科技出版社

图书在版编目（CIP）数据

从小就做数学高手：6～8岁．丛林探宝／（英）温蒂·克莱姆森著；宁波大学翻译团队译．-- 贵阳：贵州科技出版社，2022.8

ISBN 978-7-5532-1067-4

Ⅰ．①从… Ⅱ．①温… ②宁… Ⅲ．①数学—儿童读物 Ⅳ．① O1-49

中国版本图书馆 CIP 数据核字（2022）第 095243 号

著作权合同登记 图字：22-2022-019 号

从小就做数学高手：6~8 岁 丛林探宝

CONGXIAO JIUZUO SHUXUE GAOSHOU：6~8 SUI CONGLIN TANBAO

出版发行	贵州科技出版社
地　　址	贵阳市中天会展城会展东路 A 座（邮政编码：550081）
网　　址	http://www.gzstph.com
出 版 人	朱文迅
经　　销	全国各地新华书店
印　　刷	天津创先河普业印刷有限公司
版　　次	2022 年 8 月第 1 版 2022 年 8 月第 1 次印刷
开　　本	889mm×1194mm　1/16
印　　张	12（全 6 册）
字　　数	300 千字（全 6 册）
印　　量	1~5000 册
定　　价	198.00 元（全 6 册）

天猫旗舰店：http://gzkjcbs.tmall.com
京东专营店：http://mall.jd.com/index-10293347.html

目 录

做个探险家 ………………………………………… 2

寻找宝藏 …………………………………………… 4

出发去秘鲁 ………………………………………… 6

准备开启探险之旅 ………………………………… 8

寻宝地图 …………………………………………… 10

高山之上 …………………………………………… 12

丛林深处 …………………………………………… 14

丛林地表 …………………………………………… 16

蝴蝶与鸟类 ………………………………………… 18

找到神庙了 ………………………………………… 20

进入神庙 …………………………………………… 22

神庙探宝 …………………………………………… 24

神奇图案 …………………………………………… 26

答题小贴士 ………………………………………… 28

参考答案 …………………………………………… 30

本书涵盖的数学内容：

数字与数字系统

四舍五入

位值

奇数、偶数

数字排序

分数

形状、空间和计量单位

读取时间

平面图形

指南针

千米

长度单位

估算

用尺子测量

立体图形

直角

数据处理

分类（文氏图）

运算符号

象形图

解决问题

预测

心算

以 10 为单位分组

加、减和乘

估算及差值

适合 6~8 岁儿童

做个探险家

现在，你是一名足迹遍布世界各地的探险家，你去过很多人迹罕至的地方。如今，你将踏上一段惊险刺激的寻宝之旅，如果真的找到宝藏，你将把它捐给博物馆，向世人展览！

探险虽危险重重，
但也其乐无穷！

探险家翻越高山，穿越丛林。

探险家会见到珍稀野生动物。

探险家探寻宝藏和文物古迹。

探险家常在炎热、寒冷的野外露营。

你知道探险家在探险的过程
中也需要用到数学知识吗？

在这本书中，你将看到许多数学问题，解开这些谜题才能找到宝藏。与此同时，你还要根据所见所闻，解答数学问题。

书中都有哪些内容？

书中第28～29页有答题小贴士。

了解这次探险之旅。

回答问题，锻炼数学能力。

这个图表能帮助你回答数学问题。

这是你路上的所见所闻！

准备好开始探险了吗？

你需要一张纸、一支笔和一把尺子，另外别忘了带上你的装备！出发啦！

寻找宝藏

你即将出发前往南美洲的一个国家——秘鲁。在这次探险中，你将翻越崇山峻岭，深入茂密的丛林，见识世间罕见的野生动物和历史遗迹。幸运的话，你还能找到印加人藏在丛林里的宝藏，把它们捐给秘鲁当地的博物馆！

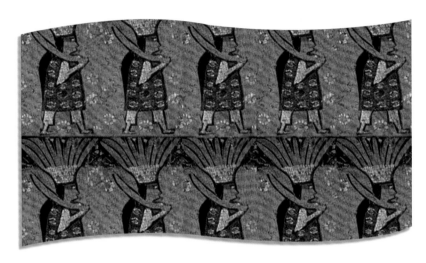

500 年前，印加人居住在秘鲁，这是印加人留下来的图案，上面是 10 个战士。

这是印加人留下来的黄金面具，他们有很多金银类的宝物。

1 印加国王将所辖民众以 10 人、100 人和 1000 人为单位进行分组，方便统治管理。请问，若将 40 人以 10 人为单位分组，可以分为多少组？

2 若将 110 人以 10 人为单位分组，可以分为多少组？

3 若将 82 人以 10 人为单位分组，满 10 人的小组有多少个？

4 问题 3 分完还剩下多少人？

5 将下列数字四舍五入到十位：33、65、78、40、96。

6 下列数字中，哪些百位上的数字为 5：35、579、56、1509、1536。

马丘比丘
建于 1440 年左右，
位于安第斯山脉的
高山之中，
是印加人的圣地。

出发去秘鲁

你将带领一支由世界各地成员组成的探险队去秘鲁，有些成员要经过长途飞行才能到达秘鲁，你们约定在秘鲁首都利马集合。

飞往秘鲁的航班时刻表

出发地	到达地	飞行时长
英国伦敦	秘鲁利马	17 小时
美国华盛顿	秘鲁利马	11 小时
俄罗斯莫斯科	秘鲁利马	21 小时
墨西哥墨西哥城	秘鲁利马	6 小时
肯尼亚内罗毕	秘鲁利马	29 小时

1 参照航班时刻表，从华盛顿飞往利马需要多久？

2 从莫斯科飞往利马需要多久？

3 哪趟航班耗时最短？

4 哪趟航班耗时超过 24 小时？

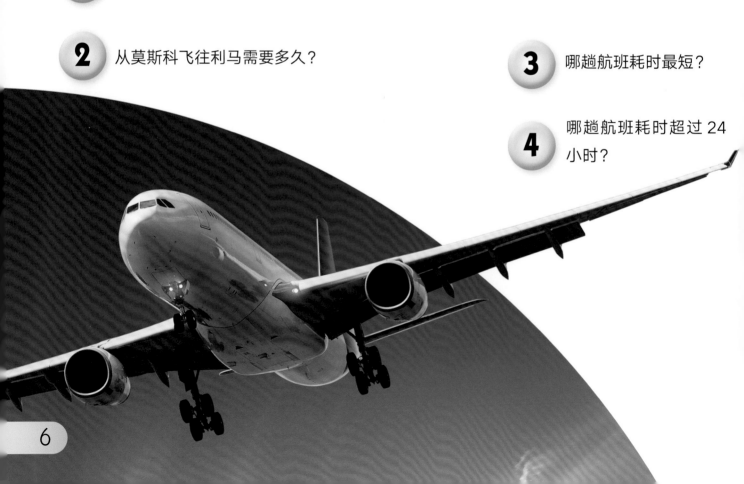

飞往秘鲁的飞机要跨越安第斯山脉，安第斯山脉是世界上最长的山脉，绵延8900余千米！

5 若离开华盛顿时是 12：00，那么下面哪个钟表显示的是到达利马的时间？

A

B

C

6 若一名探险家离开墨西哥城的时间是 03：00，那么下面哪个钟表显示的是他到达利马的时间？

A

B

C

准备开启探险之旅

　　你已到达利马，现在要进入山地探险。山区并不通车，想要把探险设备都带进去，不得不借助美洲驼。很久以前，印加人就开始在山地用美洲驼进行货物运输了。到了今天，依然还有许多秘鲁人选择美洲驼作为运输工具。来见识一下美洲驼吧！

棕色美洲驼　　　棕、白两色美洲驼　　　　　白色美洲驼

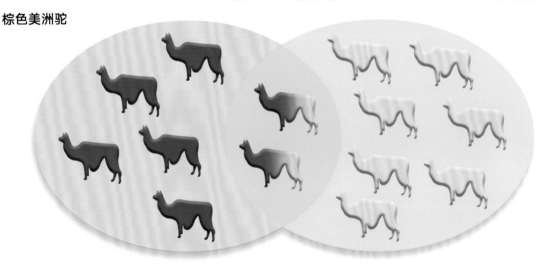

　　农场里有棕色美洲驼、白色美洲驼和棕、白两色美洲驼，上图是按照颜色进行分类的。

1 请问图中有多少只棕色美洲驼？

2 请问图中有多少只棕、白两色美洲驼？

3 请问图中共有多少只美洲驼？

4 若将下列美洲驼放入图中，那么它们分别应该放在哪个区域？

A　　　　　B　　　　　C

农场里，圈养美洲驼的围栏形状不一，
你能根据这些图片，回答下列问题吗？

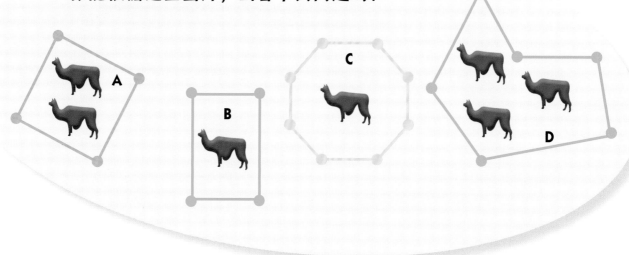

5 请问农场里哪个围栏的形状
是长方形？

6 请问农场里哪个围栏的形状是六边形？

7 请问农场里哪个围栏
的形状带有直角？

现在许多秘鲁人
都会用美洲驼身上的
毛做成五彩斑斓的衣服，
就像 500 年前的
印加人那样！

寻宝地图

现在，你要出发去寻找藏在密林深处的印加神庙，虽然至今还没有人找到过，但是你手上有一张古老的地图，它对你寻找神庙大有帮助！首先，你必须沿着印加人修建的石路，穿越山区。

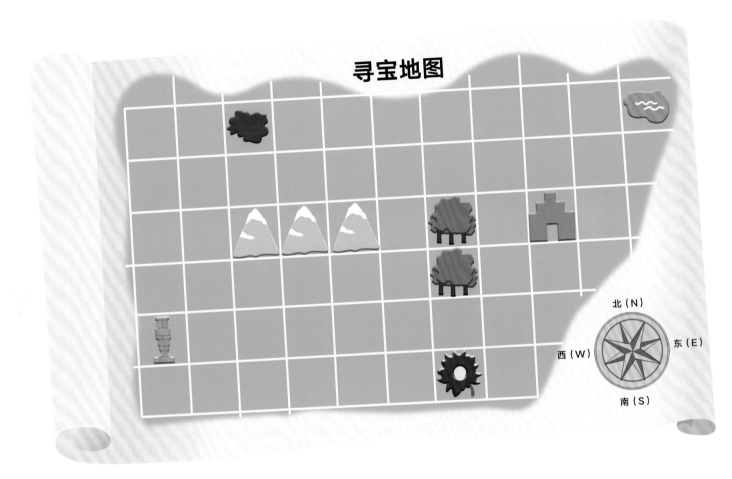

寻宝地图

图例

水塘	
沼泽	
山峰	
珍稀花卉	
神庙	
丛林	
雕像	

请你对照地图，判断正误。

1 丛林在珍稀花卉的北边。

2 山峰在神庙的东边。

3 水塘在沼泽的东边。

4 从雕像处出发，向右走两格，然后再向上走两格。

5 从沼泽处出发，向右走四格，然后再向下走两格。

6 从水塘处出发，向下走一格，向左走两格，然后再向下走一格。

7 印加人没有马，所有东西都是靠人或者美洲驼运输的。同时，印加人很会修路。请问要测量路上石头的宽度应该用厘米还是米？

8 请问要测量一条印加道路的长度应该用厘米还是千米？

印加人修了很多路，
在印加旅行很方便。
有些路甚至贯穿整个
印加帝国。

高山之上

　　探险并不轻松，长途跋涉和翻山越岭是常事。高山之上，空气稀薄，呼吸困难，会让人感到很不舒服。不过幸好，你提前做了计划。五月份的秘鲁，既不太冷，也不太热。

月份表

1 请将表中的月份按照正确顺序排列。

2 若此次探险于五月底结束，请问你回到家中是几月？

五月	四月	九月
六月	八月	一月
七月	十月	十一月
二月	十二月	三月

你刚刚发现一只秃鹫！秃鹫是世界上最大的鸟类之一，生活在安第斯山脉的高山上。

秃鹫扇动翅膀的频率并不高，它们在寻找猎物时靠的是展开巨大的翅膀滑翔。

秃鹫的翼展达 3 米。

3 请问 1 米是多少厘米？

5 请问 3 米是多少厘米？

4 请问半米是多少厘米？

6 请问 $\frac{1}{4}$ 米大于还是小于 30 厘米？

13

丛林深处

　　按照地图指示，你来到丛林深处。探险队成员对沿途景物一一拍照并做记录。丛林深处生活着一些平常难得一见的动物。咦，这是什么声音？啊，是美洲豹！一种凶猛的大型猫科动物！

1 美洲豹浑身上下布满斑点，这样它们在阴暗的丛林里捕猎的时候就不容易被其他动物发现了，请问下列 3 只美洲豹中哪只身上的斑点数是奇数？

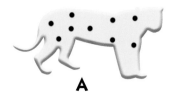

A　　　　　　B　　　　　　C

2 哪只身上的斑点是偶数？

3 哪只身上的斑点数最少？

4 哪只身上的斑点最多？

5 3 是奇数还是偶数？

6 丛林之中到处可以看见松鼠猴，请问 14 页、15 页上一共有几只松鼠猴？

松鼠猴喜欢群居生活，
一般都是以猴群的方式出现。
一个猴群正常有 40~50 只猴子，
有时可能达到 200 只！

7 现在，请你试着进行下列关于猴子的运算！

A 2 只猴子 +2 只猴子 +2 只猴子

B 3×2 只猴子

C 2 只猴子 +6 只猴子

D 4 只猴子 −2 只猴子

E 2×2 只猴子

丛林地表

丛林地表上生活着成千上万的生物！瞧！这是切叶蚁！它们正在将地上的叶子搬回自己的巢穴，这些叶子将成为它们特别的食物。

切叶蚁可搬动比自身重 20 倍的叶子。

1 目测下图中有多少只切叶蚁，请你写下来，然后仔细清点，看看和你目测的数量差多少？

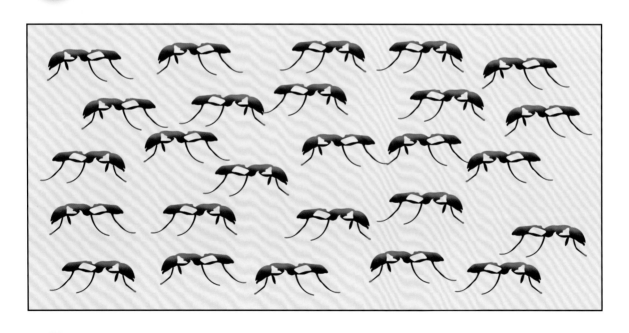

2 如果四舍五入到十位，总共有多少只切叶蚁？

你看到一只小箭毒蛙，这种蛙的表皮有致命的毒素，能保护自己不被蛇类或大型蜘蛛吃掉！

这只箭毒蛙约
1 厘米长。

完成下列不同颜色箭毒蛙的加法运算：

3 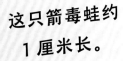 +

4 +

5 + +

6 千足虫也是丛林里的生物，"千足"的意思是"一千只脚"，但是大多数千足虫都只有 80~400 只脚，下列数字哪些在 80~400 之间？

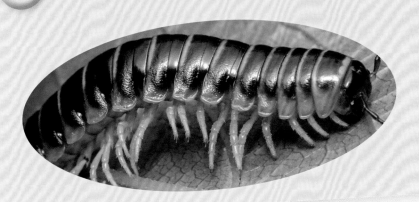

66	81
42	300
93	88
410	100

蝴蝶与鸟类

你们已经在丛林中跋涉了 5 天，每天要走 16 千米，探险队成员们的笔记本上已经记满了各种奇妙的丛林生物！

探险队成员的笔记

丛林生物	数量 / 只
美洲豹	3
蓝色箭毒蛙	10
千足虫	9
蓝色闪蝶	16
红色箭毒蛙	22

1 参照探险队成员的笔记，请问他们总共看到了几只千足虫？

2 看到的数量多达 16 只的是什么生物？

3 总共看到了多少只箭毒蛙？

4 这是蓝色闪蝶，这种大型蝴蝶生活在南美洲的丛林中，请用尺子量出它的翼展，测量单位是厘米。

5 你看到树上有只大嘴鸟。那橙色鸟嘴那么大，有 20 厘米长，而整个鸟也不过 64 厘米长。请完成下列运算。

64 + 20

20 + 20

64 − 20

64 + 64

大嘴鸟并不善于飞行，它总是在树杈间跳来跳去！

找到神庙了

突然，你们在密林中发现一处建筑遗迹，地图是真的！这是一座印加神庙。印加文化中有许多神，包括太阳神，印加人会为太阳神建造专门的神庙，以表达崇敬之情。

印加人没有
砂浆类的东西，
不能将石头黏合到一起，
但是这些石块之间
砌合得非常完美。

1 下列哪个形状适合做建筑材料？

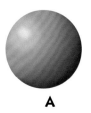   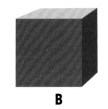   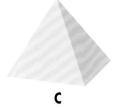   

A   B   C   D

2 请将下列名称和上述图片相匹配。

圆柱体　立方体　球体　四棱锥

现在要建一个三角形建筑，这是底下的两层砖。

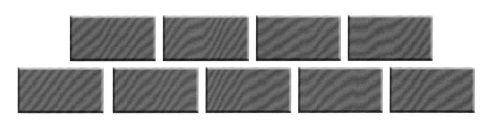

3 请问倒数第三层需要多少块砖？倒数第四层呢？

4 最上面一层有几块砖？

5 按照这样的规律，如果最底层有 30 块砖，倒数第二层有 25 块砖，倒数第三层有 20 块砖，那么倒数第四层有多少块砖？

进入神庙

　　印加神庙由 4 个部分组成，印加语称 "Tawantinsuyu"，意思是 "四洲之地"。现在，你决定将探险队成员分为 4 组，进入神庙探索。

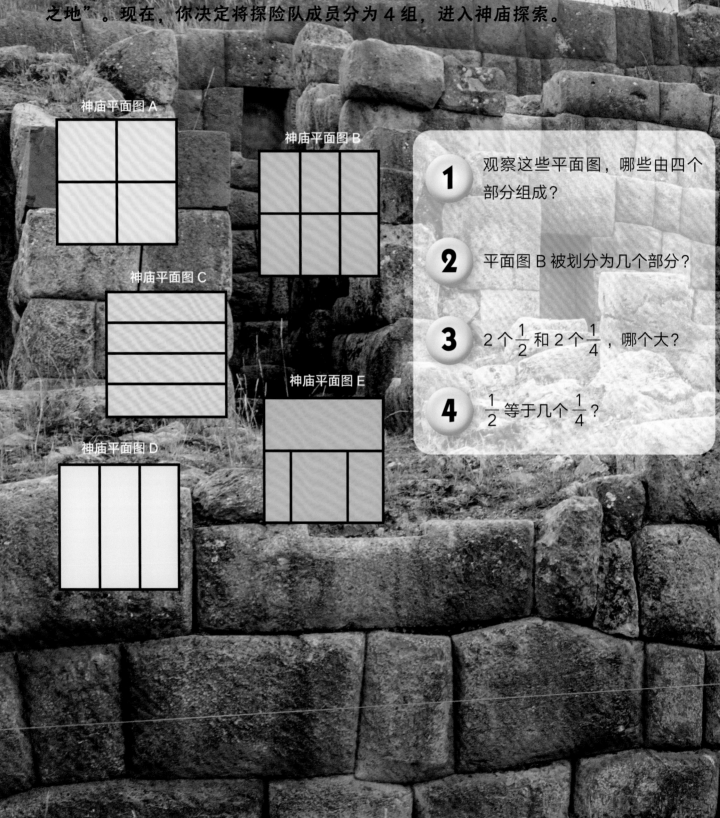

神庙平面图 A

神庙平面图 B

神庙平面图 C

神庙平面图 E

神庙平面图 D

1 观察这些平面图，哪些由四个部分组成？

2 平面图 B 被划分为几个部分？

3 2 个 $\frac{1}{2}$ 和 2 个 $\frac{1}{4}$，哪个大？

4 $\frac{1}{2}$ 等于几个 $\frac{1}{4}$？

神庙墙上没有字，印加人没有文字，但是他们会把绳子打结，不同的绳结个数代表不同的意思。

观察下列绳结的规律，请依次说出每条绳子上的下一组绳结的数量？

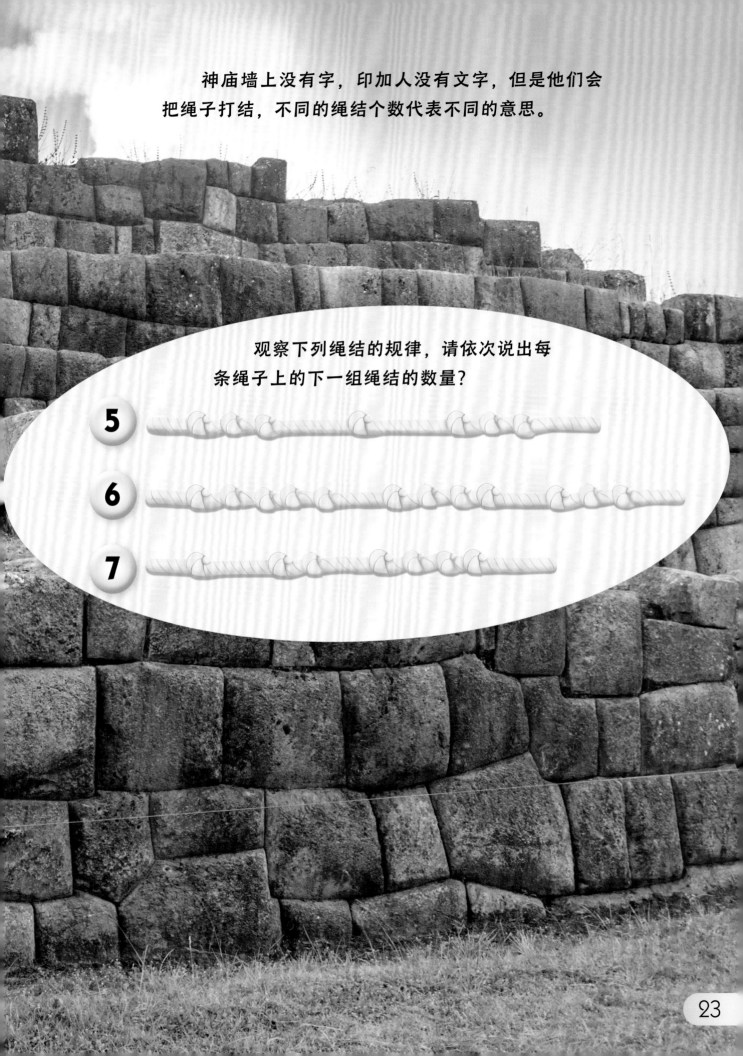

神庙探宝

神庙中藏有很多珍贵的宝物，印加国王非常富有，国王的子民用从地底下挖出的金银等制作物品。他们利用金银、黄铜、青铜、石头、陶和木头制作雕像、水罐、炊具和珠宝。

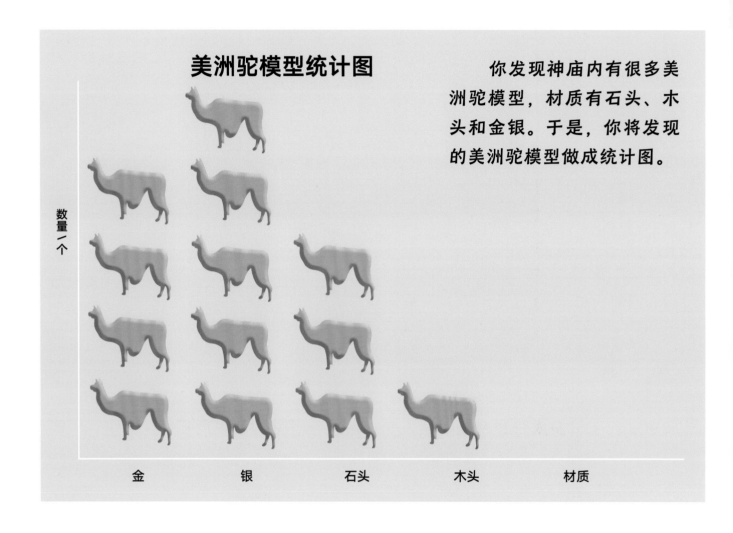

美洲驼模型统计图

你发现神庙内有很多美洲驼模型，材质有石头、木头和金银。于是，你将发现的美洲驼模型做成统计图。

数量／个

金　　银　　石头　　木头　　材质

参照上图，回答下列问题。

1 请问总共有多少个金美洲驼模型？

2 银美洲驼模型比金美洲驼模型多几个？

3 金美洲驼模型比木美洲驼模型多几个？

4 请问总共发现了多少个美洲驼模型？

这次探险收获颇丰，回去的路上要靠美洲驼将这些珍贵文物运回利马博物馆。眼下，它们正在神庙遗址上休息！

在印加文明中，太阳神被称为"因蒂"，月亮神被称为"基利亚"。你在神庙中发现了很多太阳和月亮模型，快来清点一下它们的数量吧！

5 若要将它们按照 10 个 1 组打包装箱，请问能分成几组？

6 假设每个太阳模型和月亮模型重 2 千克，如果 1 只美洲驼可负重 20 千克，那么请问运输这些模型需要多少只美洲驼？

神奇图案

印加人喜欢用图案装饰物品。回家的途中，你从飞机上看到一些巨大的图案，它们被称为"纳斯卡线条"，是 2000 年前的古人在大漠中留下的！

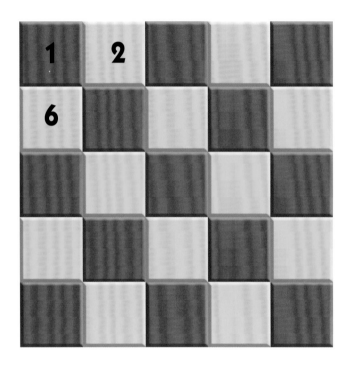

1 这个图案，我们称之为"棋盘图案"，印加人经常使用。观察左图，请填出最后一行数字。

2 下列数字在左图中分别位于红色方块上还是黄色方块上？
8 11 17 20

3 倍数是 2 的数字都落在相同颜色的方块上，请问是红色方块还是黄色方块？

这个印加图案称为"tocapus"，是在布料上发现的，印加人很善于编织。

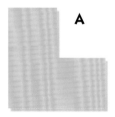

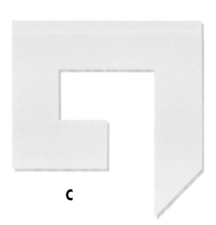

4 观察右边的几个图案，用手指沿外边框描摹，请问分别有多少个直角？

纳斯卡线条有昆虫、鸟类以及其他图案。假设你的飞机正飞过一个巨大的蜘蛛图案，你可以从任意角度观察它。

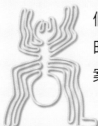

假设你的飞机正沿逆时针方向围绕这个图案飞行。

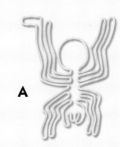

A

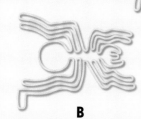

C

B

5 请问飞机沿逆时针方向旋转90度后，你看到的是哪个图案？

6 请问逆时针方向旋转180度后，你看到的是哪个图案？

这个蜘蛛图案有40米那么长！但这只是你在秘鲁探险所见神奇宝物的冰山一角！

答题小贴士

第 4 页

四舍五入： 约整数时，如果尾数的最后一位数是 4 或者比 4 小，就把尾数去掉取零；如果尾数的最后一位数是 5 或者比 5 大，就把尾数去掉取零并在前一位进"1"。例如：33 四舍五入到十位就是 30，而 65 就是 70，因为后者的尾数是 5。

位值： 表示数值有 10 个阿拉伯数字，每个数所在的位置决定了它的数值，例如 579，百位上的数字是 5，十位上的数字是 7，个位上的数字是 9，于是这个数就读作"五百七十九"。

第 6~7 页

读取时间： 长针是分针，当表盘中的长针指向"12"时，就是整点，而短针是时针，看短针就知道现在是几点。

第 8~9 页

分类（文氏图）： 这叫文氏图，图中棕色美洲驼和白色美洲驼各占一个集合，重合的部分是棕、白两色美洲驼，也是两个集合的交叉部分。

平面图形： 平面图形的名称和它有几条边相关。例如，六边形有 6 条边，八边形有 8 条边，矩形有 4 条边（其中对边长度相等）和 4 个直角，而正方形有 4 条长度完全相等的边和 4 个直角。

第 10~11 页

指南针： 指南针表盘上的 E、W、S、N 分别代表东、西、南、北四个方向，而指针指向的方向是北方，掌握指南针有利于我们辨别方向。

第 12~13 页

月份： 1 年有 12 个月。

长度单位： 100 厘米等于 1 米。

第 14~15 页

奇数、偶数： 偶数又称双数，例如，2、4、6、8 都是偶数。除了偶数，剩下的整数都是奇数，例如 1、3、5、7、9。

运算符号： 记住"+"就是相加，"−"就是相减，"×"就是相乘。

第 16~17 页

估算： 当你看完所有已知信息后，可以估算一下这道题的答案。这在数学运算中很重要，有助于你判断哪个答案是正确答案。

数字排序： 将这些数字按照从小到大的顺序排列，这里没有一位数，42 是这里最小的两位数，所以它排在第一位，排完两位数后再看百位数里哪个最小，以此类推。排好序后，把在 80~400 之间的数字标示出来，就是这道题的答案。

第 18 页

用尺子测量：测量时，将尺子摆正，"0"刻度线要对齐被测量物体的一端，然后读取另一端的刻度值，这样就可以测量出蝴蝶的翼展了。

第 21 页

立体图形：球体是球状几何体。立方体有 6 个面和 8 个角。四棱锥有 1 个四边形底面，另外 4 个三角形的面相交于一点，称之为顶点。圆柱体由 2 个相同的底面和 1 个侧面组成，2 个底面是圆形，侧面是 1 个矩形旋转 1 周而成。

第 26-27 页

直角：4 个直角合起来就是 360 度。
直角转弯：转一圈有 4 个直角，1 个直角转弯就是转 90 度。

第 22~23 页

分数：分数即整体的一部分，当我们将一个物体切割成四等份时，每一部分就是 $\frac{1}{4}$，如果切割成两等份，那么每一部分就是 $\frac{1}{2}$。

预测：当我们根据已知条件猜想未知部分时，就是在预测（猜测未知的部分）。观察图案中的绳结数，猜猜下一组绳结数是多少。

第 24~25 页

象形图：在象形图中，图案是代表信息的符号。在这个象形图中，1 个美洲驼图案代表的是 1 个美洲驼模型。

参考答案

第 4 页
1 4 组
2 11 组
3 8 个
4 还剩下 2 人
5 30、70、80、40 和 100
6 579、1509 和 1536

第 6~7 页
1 11 小时
2 21 小时
3 从墨西哥城到利马
4 从内罗毕到利马
5 C
6 A

第 8~9 页
1 5 只棕色美洲驼
2 2 只棕、白两色美洲驼
3 14 只美洲驼
4 A 白色美洲驼;
   B 棕色美洲驼;
   C 棕、白两色美洲驼
5 B
6 D
7 A 和 B

第 10~11 页
1 正确
2 错误
3 正确
4 山峰
5 丛林
6 神庙
7 厘米
8 千米

第 12~13 页
1 一月、二月、三月、
   四月、五月、六月、
   七月、八月、九月、
   十月、十一月、十二月
2 六月
3 100 厘米
4 50 厘米
5 300 厘米
6 小于 30 厘米

第 14~15 页
1 A
2 B 和 C
3 B
4 C
5 奇数
6 8 只
7 A 6 只猴子
   B 6 只猴子
   C 8 只猴子
   D 2 只猴子
   E 4 只猴子

第 16~17 页
1 图中有 26 只切叶蚁
2 30 只切叶蚁
3 7 只箭毒蛙
4 9 只箭毒蛙
5 13 只箭毒蛙
6 81, 88, 93, 100 和 300

第 18~19 页
1 9 只千足虫
2 蓝色闪蝶
3 32 只箭毒蛙
4 15 厘米
5 64+20=84
   20+20=40
   64-20=44
   64+64=128

第 21 页
1 B
2 A 球体
   B 立方体
   C 四棱锥
   D 圆柱体
3 3 块, 2 块
4 1 块
5 15 块

第 22~23 页
1 神庙平面图 A、神庙平面图 C、神庙平面图 E
2 6 个部分
3 2 个 $\frac{1}{2}$
4 2 个
5 1 个绳结
6 2 个绳结
7 8 个绳结

第 24~25 页
1 4 个金美洲驼模型
2 1 个
3 3 个
4 13 个美洲驼模型
5 3 组
6 3 只美洲驼

第 26~27 页
1 21, 22, 23, 24 和 25
2 8: 黄色方块
   11: 红色方块
   17: 红色方块
   20: 黄色方块
3 黄色方块
4 A 6 个直角
   B 8 个直角
   C 8 个直角
5 B
6 A

从小就做数学高手

6~8岁

恐龙大揭秘

[英]温蒂·克莱姆森◎著　宁波大学翻译团队◎译

贵州科技出版社

图书在版编目（ＣＩＰ）数据

从小就做数学高手：6～8岁．恐龙大揭秘／（英）温蒂·克莱姆森著；宁波大学翻译团队译．-- 贵阳：贵州科技出版社，2022.8

ISBN 978-7-5532-1067-4

Ⅰ．①从… Ⅱ．①温… ②宁… Ⅲ．①数学－儿童读物 Ⅳ．① 01-49

中国版本图书馆 CIP 数据核字（2022）第 095235 号

著作权合同登记 图字：22-2022-019 号

从小就做数学高手：6~8 岁 恐龙大揭秘
CONGXIAO JIUZUO SHUXUE GAOSHOU：6~8 SUI KONGLONG DA JIEMI

出版发行　贵州科技出版社
地　　址　贵阳市中天会展城会展东路 A 座（邮政编码：550081）
网　　址　http://www.gzstph.com
出 版 人　朱文迅
经　　销　全国各地新华书店
印　　刷　天津创先河普业印刷有限公司
版　　次　2022 年 8 月第 1 版
　　　　　2022 年 8 月第 1 次印刷
开　　本　889mm×1194mm　1/16
印　　张　12（全 6 册）
字　　数　300 千字（全 6 册）
印　　量　1~5000 册
定　　价　198.00 元（全 6 册）

天猫旗舰店：http://gzkjcbs.tmall.com
京东专营店：http://mall.jd.com/index-10293347.html

目 录

开始挖掘吧 ·· 2

与恐龙同行 ·· 4

谁的脚印 ·· 6

识骨寻踪 ·· 8

化石发现 ··· 10

回博物馆 ··· 12

贴标签 ··· 14

查看化石脚印 ····································· 16

全新展览 ··· 18

飞行动物展览 ····································· 20

恐龙双亲 ··· 22

这是新记录吗 ····································· 24

商店购物 ··· 26

答题小贴士 ······································· 28

参考答案 ··· 30

本书涵盖的数学内容：

数字与数字系统
排序
数十
3 的倍数
分数
金额
数字范围
奇数和偶数

形状、空间和计量单位
计量单位
估算
测量工具
用尺子测量
天平和刻度盘
立体图形

数据处理
方块图
图表
网格图
均分

解决问题
预测规律
计算成本

心算
减法
数数
差值
除法
乘法
缺失的数字

适合 6~8 岁儿童

开始挖掘吧

你是一位恐龙专家，你的工作令人兴奋！恐龙生活在几千万年以前，你的工作就是寻找恐龙骨头、恐龙蛋和恐龙脚印，利用这些线索研究恐龙的生活，并向世人展示你的发现。

恐龙专家要做哪些工作？

寻找埋藏几千万年的恐龙骨头。

阐述研究发现，阅读文献资料。

在博物馆展示有关恐龙的发现。

有时也和孩子们分享工作内容。

你知道恐龙专家在工作中也需要

用到数学知识吗？

在这本书中，你将看到许多恐龙专家需要解决的数学问题。与此同时，你也有机会解答关于恐龙的数学问题。

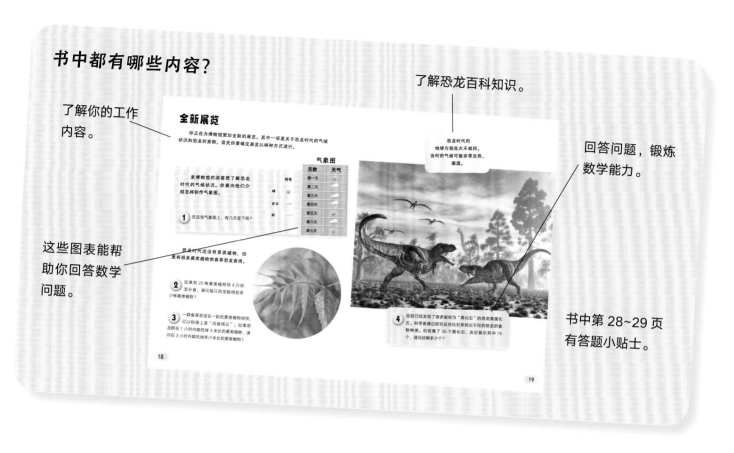

书中都有哪些内容？

了解你的工作内容。

了解恐龙百科知识。

回答问题，锻炼数学能力。

这些图表能帮助你回答数学问题。

书中第28~29页有答题小贴士。

准备好当一名恐龙专家了吗？

你需要一张纸、一支笔和一把尺子，另外，别忘了带上你的铲子！出发啦！

与恐龙同行

　　寻找恐龙并没有你想象的那么难。恐龙几千万年前生活在地球上，留下了很多痕迹，有脚印、蛋和骨头。今天你将踏上去北美洲寻找恐龙之旅。

恐龙生活的时代分为三个不同的时期。

- 白垩纪
- 侏罗纪
- 三叠纪

这张地图显示了一些曾经发现过恐龙化石的地方。

恐龙化石分布地图

1 请问三叠纪遗址有多少个？

2 请问哪个时期的遗址最多？

这里有一些恐龙，它们生活在不同的时期。

梁龙
生活在 1.5 亿年前

始盗龙
生活在 2.25 亿年前

三角龙
生活在 7000 万年前

3 请问哪种恐龙出现的时间最早？

你来到沙漠中的一个地方，那里地面干燥，岩石众多。突然你看到一个巨大无比的脚印，得知恐龙以前生活在这里。

4 观察这只手掌旁边的恐龙脚印。你觉得这个脚印有几个手掌长呢？

1 个　　2 到 3 个　　3 个以上

恐龙成群结队而行，这叫恐龙群。成群结队有助于保护它们免受敌人的攻击。一个恐龙群有时候会有很多恐龙。化石猎人曾在一个地方发现了多达 30 具的恐龙化石。

5 试着把同一个数字多次相加得出 30。请问 30 可分成 30 个 1 或 3 个 10，那么 30 可以分成多少个 2？

谁的脚印

你必须弄清楚是哪种恐龙留下了这个脚印。翻开书找找看，这看起来很像是禽龙的脚印。这种恐龙通常用 4 只脚行走，但也可以只用后脚站立，这让禽龙显得与众不同。

1 禽龙每只后脚上长了 3 个脚趾。它的前脚还长了 1 个拇指和 1 个用来抓取植物的尖爪。请问禽龙后脚总共有几个脚趾？

2 禽龙从鼻尖到尾巴末端长达 10 米。如果它的尾巴有 3 米长，请问其余部分有多长？

这个恐龙脚印显示了禽龙后脚的 3 个脚趾。

你又发现了 3 个恐龙脚印，于是你决定把它们做成石膏模型带回博物馆。

制作指南

（1）把石膏和水混和在一起，1 包石膏用 1 升水。

（2）将混合物倒入脚印中。

（3）等待 5 分钟，让石膏变干。

（4）取出石膏模型。

3 制作每个石膏模型需要 15 分钟。请问等待石膏变干的时间是总时间的多少？

$$\frac{1}{2} \qquad \frac{1}{4} \qquad \frac{1}{3}$$

4 请问 3 包石膏要用多少升水？

5 如果每只前脚做 8 个模型，每只后脚做 3 个模型，请问总共要做多少个模型？

6 画一张平面图，标记发现的每个脚印的位置。以左后脚脚印为起点，请问向上数 2 格再向右数 2 格是哪个脚印？

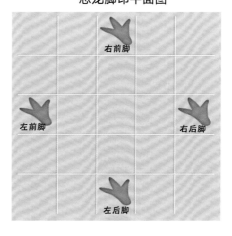

恐龙脚印平面图

识骨寻踪

你要把找到的恐龙骨头碎片都收集起来。沙子里埋着什么？你急匆匆地走过去，但也要小心翼翼，因为你不能踩到化石。这看起来像是剑龙的腿上部组织。

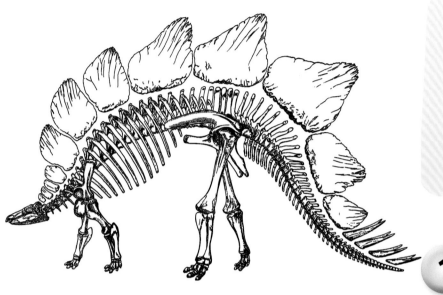

剑龙体长 9 米。
背上长有 17 块骨质板。
尾巴末端有 4 根
又长又尖的刺，
用来抵御掠食者的攻击。

1 你发现了 1 块 50 厘米长的骨头碎片。如果这是整个骨头长度的一半，请问骨头全长是多少厘米？

骨头长度

你收集到 3 块恐龙骨头。画出它们的草图，并在下面写出骨头的长度。

前腿骨 1 米

髋骨 2 米

后腿骨 20 厘米

1 按长度从长到短给骨头排序

现在你找到了 1 颗恐龙牙齿，真是太令人兴奋了。通过恐龙牙齿的外观，我们能知道恐龙都吃些什么。食草恐龙的牙齿并不锋利，而食肉恐龙的牙齿却非常锋利，形状尖锐，且大小不一。

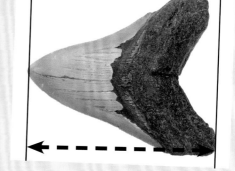

3 用尺子测量这颗恐龙牙齿。请问它的长度是多少？

请你查阅表格，看看哪种恐龙是食肉的，哪种是食草的。

4 请问表格中有几种恐龙是食草的？

5 请问表格中共有几种恐龙？

食草、食肉恐龙分类表

食草恐龙	食肉恐龙
梁龙	霸王龙
剑龙	窃蛋龙
三角龙	迅猛龙
禽龙	

霸王龙重达 6 吨，相当于 200 多个儿童的体重！

化石发现

接下来去悬崖上寻找。这里可是发现海洋生物化石的好地方。菊石和三叶虫是你的寻找目标，菊石和恐龙生活在同一时期。

三叶虫多达 1 万多种，大小从 2 厘米到 50 厘米不等。

1 请问下面哪几项表示"50cm"？
半米
$\frac{1}{2}$ 米
$\frac{1}{4}$ 米
1 米
50 厘米

三叶虫是地球上最早的动物之一。

2 你发现了 3 块这样的菊石化石，每块都有 20 厘米宽。要把它们并排装进 1 个盒子里，请问盒子得有多宽？

3 打包 1 盒化石，盒子里能装 3 排化石，每排能放 4 块。请问盒子里能放多少块化石？

4 观察这张石头的照片，你觉得照片中有多少块菊石化石？

A 5 块左右

B 10 块左右

C 25 块左右

清点新发现

5 你总共找到 4 块植物化石，9 块菊石化石和 6 块三叶虫化石。画个图来展示你的新发现吧。但是，等等……你好像搞错了。仔细观察这张图，你能找到错误吗？

化石统计图

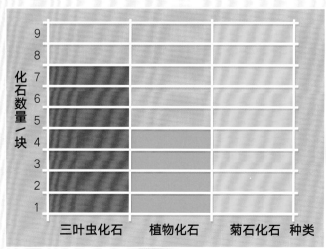

化石数量／块

三叶虫化石　　植物化石　　菊石化石　种类

回博物馆

现在该把化石带回博物馆了。因为你所在的地方位于沙漠，所以需要出动直升机接你回到博物馆。

一进博物馆，首先映入眼帘的就是一具体型巨大的霸王龙骨骼，实在是令人惊叹不已。霸王龙用后腿行走，有50~60颗牙齿，能轻松咬碎其他恐龙的骨头。

霸王龙头骨巨大，长度超过1米。

1 请问下面哪些数字位于50和60之间？

53　　62　　75　　57　　65　　49

霸王龙体型庞大，但它们并不是最重的恐龙，许多食草恐龙的体重比它们还要大得多。

雷龙
30~38 吨

三角龙
6~12 吨

霸王龙
5~7 吨

腕龙
33~48 吨

2 按重量从轻到重进行排序。（取每种恐龙体重的最大值）

博物馆里你最喜欢的展品是雷龙。雷龙要 10 年才能发育成熟，寿命可达 100 岁。

3 请问 100 可以分成多少个 10 ？

雷龙脖子粗长，这让它很容易够到树顶吃树叶。

三角龙属于食草动物，名字来源于它的"三角脸"。它的三个角能帮助它抵御霸王龙等食肉动物的攻击。

4 展区共有 5 只三角龙，请问总共有多少个角？

三角龙生活在北美，以树木为食。

贴标签

你的新发现被带到博物馆仓库以后，要被贴上标签。每个骨头、牙齿或脚印都要贴上标签，标上代码。

A 行	A2	A4		A8
B 行	B3		B9	B12
C 行	C10	C15	C20	

1 选择正确的标签放在上面每组标签中的空白处。

A1	C26	B8	B6	A6	C25

测量每一项新发现也是必不可少的步骤。
这里有一些需要用到的测量工具。

量杯　　　直尺　　　卷尺　　　天平

2 做如下测量，你会使用哪种工具呢？

A 和手差不多大的骨头的长度

B 化石的重量

C 挖掘化石的坑的长度

D 制作石膏模型用的水量

14

剑龙可能
利用骨质板保暖，
所以要站立着以便阳光
能照射到骨质板。

现在组装一个剑龙模型做展览。模型背上的骨质板已经贴上了标签。每个骨质板都有编号，以便插在正确的地方。

3 请把骨质板分成两行。一行是奇数，一行是偶数。

7　3　10　2　9　8　1　6　13　11　5　4　12　14

查看化石脚印

打开恐龙脚印的石膏模型。你能通过这些脚印模型计算出恐龙的情况吗？你一定想知道恐龙有多高，走得有多快。

1 通过恐龙的脚印可计算出恐龙的臀高。将恐龙脚印长度乘以 4 可得出其臀高。你发现的脚印有 50 厘米长，请问恐龙的臀高是多少？

2 现在研究恐龙的步长。恐龙走 1 步的长度为 2.5 米，请问恐龙走 2 步的长度是多少？

3 根据恐龙的臀高和步长，可以计算出它移动的速度。用臀高除以步长，可以得出一个数。假如有一只恐龙的臀高为 5 米，步长为 2 米，对照这张表，请问这只恐龙是在快跑、小跑还是步行？

恐龙移动状态表

移动状态	臀高除以步长
步行	≤ 2
小跑	2~3
快跑	≥ 3

16

现在要试着用你发现的骨骼
化石组装成一具完整的骨架。

4 请把这些骨头按从头到尾的顺序排列。

肋骨   颈骨   前腿骨

颅骨   尾骨

专家通过恐龙
留下的脚印来了解其行为，
一组脚印意味着恐龙
是单独行动，
并排的几组脚印意味着
恐龙是成群结队行动。

全新展览

你正在为博物馆策划全新的展览。其中一项是关于恐龙时代的气候状况和恐龙的食物。首先你要确定展览以哪种方式进行。

气象图

天数	天气
第一天	☀
第二天	🌧
第三天	☁
第四天	🌧
第五天	☀
第六天	☁
第七天	☀

来博物馆的游客想了解恐龙时代的气候状况。你要向他们介绍怎样制作气象图。

符号

晴　☀

多云　☁

雨　🌧

1 在这张气象图上，有几天是下雨？

恐龙时代还没有草类植物，但是有很多蕨类植物供食草恐龙食用。

2 如果有 20 株蕨类植物供 4 只恐龙分食，请问每只恐龙能得到多少株蕨类植物？

3 一群食草恐龙在一起吃蕨类植物很快，可以称得上是"风卷残云"。如果恐龙群在 1 小时内能吃掉 3 米长的蕨类植物，请问在 3 小时内能吃掉多少米长的蕨类植物？

恐龙时代的
地球与现在大不相同。
当时的气候可能非常炎热、
潮湿。

4 目前已经发现了很多被称为"粪化石"的恐龙粪便化石。科学家通过研究这些化石来找出不同的恐龙的食物种类。你收集了 35 个粪化石，决定展示其中 15个，请问还剩多少个？

飞行动物展览

会飞的生物是你的最爱。始祖鸟长有羽毛，具有飞行能力——虽说飞得不是很好。始祖鸟是非常凶猛的动物。

1 始祖鸟的体长和翼展相差多少厘米？

2 始祖鸟每只翅膀上长有 3 个翼爪，用来抓住树枝。请问它总共有多少个翼爪？

这张表格显示了始祖鸟体长和翼展的数值。

始祖鸟测量表	
体长	30 厘米
翼展	50 厘米

3 始祖鸟以小动物和昆虫为食。请问这里有多少只昆虫？

4 始祖鸟的体重是 300~500 克。如果把始祖鸟放在天平上，请问下面哪个天平的数值是正确的？

在恐龙时代，还有一些会飞的爬行动物，被称为翼龙。

最大的翼龙翼展约 12 米。

5 下面这只翼龙沿顺时针方向转了四分之一圈。请问哪张图是正确的？

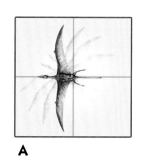

A

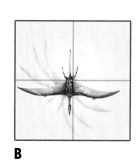

B

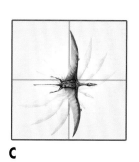

C

6 你的翼龙化石正在展出，可谓是"明星化石"。这种会飞行的爬行动物的翼展为 2 米，而体长只有翼展的一半。请问下面哪个是你的翼龙化石标签？

翼龙

栖息地：河流和海洋
翼展：20 厘米
体长：10 厘米

标签 **A**

翼龙

栖息地：河流和海洋
翼展：200 厘米
体长：10 厘米

标签 **B**

翼龙

栖息地：河流和海洋
翼展：200 厘米
体长：100 厘米

标签 **C**

恐龙双亲

恐龙属于卵生动物，你决定展出带有恐龙蛋的恐龙窝。

高桥龙在下蛋时会随着身体的移动把蛋排成一行。下面这些蛋没有按顺序排列，并且某一颗蛋丢失了。

1 请问第几颗蛋不见了？

2　8　12　4　6　10　9　13　1　3　7　5

有些恐龙蛋超级大。高桥龙的蛋看起来像个足球，直径至少有 30 厘米。

2 如果把一个高桥龙蛋装满水，可以装大约 2 升水。请问那是多少毫升？

慈母龙属于群居恐龙。慈母龙会一直守在蛋旁，直到恐龙宝宝孵化出壳。每只慈母龙能产 15 到 20 个蛋。

3 请问下面哪些数字在 15 到 20 之间？
17　12　25　52　10　16　19

有些恐龙会筑巢并坐在蛋上孵蛋，这个行为跟鸟类非常类似。窃蛋龙就是其中之一。

4 观察这些已经孵化的恐龙蛋，请把能完整拼接起来的找出来并配对。

A

B

C

D

E

F

G

H

窃蛋龙体长 2 米左右，
用两条腿直立行走。

这是新纪录吗

你需要列出一份打破纪录的恐龙名单。新的恐龙化石不断被发现，所以纪录必须持续更新。

体长之最
马门溪龙的脖子相当于体长的一半，大概生活在 1.4 亿年前，是脖子最长的恐龙。

1 马门溪龙的脖子最长有 12.1 米。你认为这个长度跟下列哪个选项最接近：
A 跳绳用的绳子　　　　B 1 辆轿车　　　　C 3 辆轿车

2 梁龙的脖子长 7.5 米，你认为这个长度跟下列哪个选项最接近：
A 跳绳用的绳子　　　　B 1 辆轿车　　　　C 2 辆轿车

身高之最
腕龙是目前挖掘出来的具有完整骨架的恐龙中最高的，它有长长的脖子，可以够到大树的树顶吃叶子。

3 腕龙身高达 12 米。如果你和你的朋友们叠罗汉，直到和腕龙一样高，大概需要多少个小朋友？

5，12，还是 100 ？

小巧之最

斑比盗龙是最小的恐龙之一，体长只有 1 米，体重约 3 千克。

4 下面哪些和斑比盗龙一样重？

一颗鸡蛋

一只鞋

一袋土豆

有些食肉恐龙体型很小。伶盗龙体长只有 2 米左右，尾巴的长度为体长的一半。

商店购物

所有的展品都已准备就绪，可以迎接明天的盛大展览了。你走进博物馆礼品店，透明柜台里的昆虫模型让你喜欢得不得了。

博物馆里保留有恐龙时代货真价实的昆虫。这些昆虫被包裹在一种树木分泌的黏性物质中，而这种黏性物质变硬后就成了琥珀。

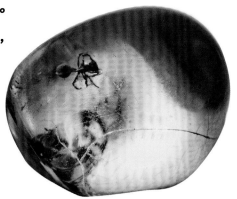

1 这里是一些琥珀的塑料模型。请问这些形状的名称是什么？

A   B   C

这块琥珀展示了几百万年前被黏住的昆虫。

2 一个塑料模型 1.5 英镑。你给收银员 2 英镑，请问应该找多少零钱？

3 请问下面哪个化石最贵？

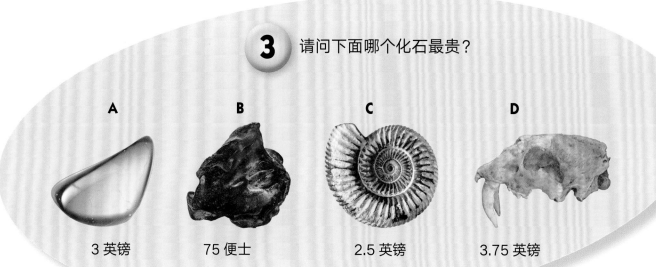

A   B   C   D

3 英镑   75 便士   2.5 英镑   3.75 英镑

腕龙身高达 12 米，
相当于 4 层楼那么高。

4 注意看右边的海报。开展日当天参观能省多少钱？

5 开展日当天带 2 位朋友去参观，一共要花多少钱？

6 你很喜欢这场展览，开展日后又去了 2 次，你总共花了多少钱？

异龙展
（也有其他恐龙哦！）

| 入场费（开展日） | 3 英镑 |
| 入场费 | 4 英镑 |

答题小贴士

第 4~5 页

排序： 按年份顺序排列数字，从早到晚的顺序是 2.2 亿年前，然后是 1.5 亿年前，最晚的是 7000 万年前。

第 6~7 页

减法： 用禽龙的总长减去尾巴的长度，就是在做减法。

分数： 分数就是整体的一部分。把某物分成两等份，每份是 $\frac{1}{2}$；分成三等份，每份是 $\frac{1}{3}$；分成四等份，每份是 $\frac{1}{4}$。

第 8~9 页

排序： 按长度排序，首先检查计量单位是否相同，可以把单位都换算成厘米。注意：1 米等于 100 厘米。

用尺子测量： 使用尺子时，将"0"（零）刻度对准测量物的一端，接着"读出"尺子另一端的测量值。

第 10~11 页

计量单位： 1 米等于 100 厘米，半米等于 50 厘米。

行和列： 每行 4 块化石，共 3 行和每行 3 块化石，共 4 行得出的总数相同。

估算： 当回答图中有多少块菊石化石时，就是在估算。合理估算对解答数学问题很有帮助。

第 12~13 页

数字范围： 要确定数字的范围，可以构想一条数轴，按照这条数轴排列数字，就能知道数字是否在其中。数轴如下图所示，结合数轴可知选项中有 2 个数字能放入数轴中。

50	51	52	53	54	55	56	57	58	59	60

3 的倍数： 这与数 3 或 3 的乘法表十分类似，熟记 3 的倍数好处多多。

第 14~15 页

测量工具：工作中选择合适的测量工具很重要。请记住量杯用来测量液体，天平用来测量重量，直尺和卷尺用来测量高度、宽度和长度。

奇数和偶数：偶数是 2 的倍数：2，4，6，8，10，12，14，16，18，20……以此类推。奇数是非 2 的倍数的整数：1，3，5，7，9，11，13，15，17，19……以此类推。

第 16~17 页

乘法和除法：由以下算式可以看出乘法和除法相互关联，如 $2 × 2 = 4$，$4 ÷ 2 = 2$。

第 18~19 页

均分：均分和除法性质一致。通过均分可知每一份有多少或者每一份有多大。4 只恐龙均分 20 株蕨类植物，$20 ÷ 4 = 5$，即每只恐龙得到 5 株蕨类植物。

第 20~21 页

计量单位：1 千克等于 1000 克。

分数：$\frac{1}{4}$ 圈，一整圈等于 4 个四分之一圈。

顺时针方向：时钟指针转动的方向。

顺时针

逆时针

第 22~23 页

计量单位：1 升等于 1000 毫升。

第 24~25 页

最长、最小、最高：请记住当比较两者时，用"更长""更小"或"更高"，当比较三者或三者以上时，用"最长""最小"和"最高"。这里我们就很多恐龙进行比较。

第 26~27 页

金额：1 英镑等于 100 便士，大约等于 10 元。

参考答案

第 4~5 页

1 6 个
2 白垩纪
3 始盗龙
4 2 到 3 个
5 15 个 2

第 6~7 页

1 6 个
2 7 米
3 $\frac{1}{3}$
4 3 升
5 22 个
6 右后脚脚印

第 8~9 页

1 100 厘米
2 髋骨，前腿骨，后腿骨
3 6 厘米
4 4 种
5 7 种

第 10~11 页

1 半米、$\frac{1}{2}$ 米和 50 厘米
2 60 厘米
3 12 块
4 A
5 图中显示了 7 块三叶虫化石，但实际只找到了 6 块

第 12~13 页

1 53 和 57
2 霸王龙、三角龙、雷龙和腕龙
3 10 个
4 15 个角

第 14~15 页

1 A 行 A6   B 行 B6
  C 行 C25
2 A 直尺   B 天平
  C 卷尺   D 量杯
3 奇数 1，3，5，7，9，11，13；
  偶数 2，4，6，8，12，14

第 16~17 页

1 2 米
2 5 米
3 小跑
4 颅骨，颈骨，前腿骨，肋骨，尾骨

第 18~19 页

1 2 天
2 5 株
3 9 米
4 20 个

第 20~21 页

1 20 厘米
2 6 个翼爪
3 16 只
4 B
5 C
6 标签 C

第 22~23 页

1 第 11 颗
2 2000 毫升
3 16, 17 和 19
4 A 和 D
  B 和 E
  C 和 H
  F 和 G

第 24~25 页

1 C 3 辆轿车
2 C 2 辆轿车
3 12 个
4 一袋土豆

第 26~27 页

1 A 球体
  B 立方体
  C 四棱锥体
2 5 角钱
3 D
4 1 英镑
5 9 英镑
6 11 英镑

6~8岁

动物管理员

[英]温蒂·克莱姆森◎著   宁波大学翻译团队◎译

贵州科技出版社

图书在版编目（ＣＩＰ）数据

从小就做数学高手：6～8岁．动物管理员 ／（英）
温蒂·克莱姆森著；宁波大学翻译团队译．-- 贵阳：
贵州科技出版社，2022.8
ISBN 978-7-5532-1067-4

Ⅰ．①从… Ⅱ．①温… ②宁… Ⅲ．①数学—儿童读
物 Ⅳ．① O1-49

中国版本图书馆 CIP 数据核字（2022）第 095245 号

著作权合同登记 图字：22-2022-019 号

从小就做数学高手：6~8 岁 动物管理员
CONGXIAO JIUZUO SHUXUE GAOSHOU：6~8 SUI DONGWU GUANLIYUAN

出版发行	贵州科技出版社
地　　址	贵阳市中天会展城会展东路 A 座（邮政编码：550081）
网　　址	http://www.gzstph.com
出 版 人	朱文迅
经　　销	全国各地新华书店
印　　刷	天津创先河普业印刷有限公司
版　　次	2022 年 8 月第 1 版
	2022 年 8 月第 1 次印刷
开　　本	889mm×1194mm　1/16
印　　张	12（全 6 册）
字　　数	300 千字（全 6 册）
印　　量	1~5000 册
定　　价	198.00 元（全 6 册）

天猫旗舰店：http://gzkjcbs.tmall.com
京东专营店：http://mall.jd.com/index-10293347.html

目 录

欢迎来到动物园 ················· 2

该检查动物了 ················· 4

照看动物宝宝 ················· 6

小袋鼠金巴 ················· 8

今天配送的食物 ················· 10

猩猩的午餐 ················· 12

蛇和鸟 ················· 14

有趣的企鹅 ················· 16

给长颈鹿打扫卫生 ················· 18

保持健康 ················· 20

黑漆漆的蝙蝠馆 ················· 22

儿童角 ················· 24

商店 ················· 26

答题小贴士 ················· 28

参考答案 ················· 30

本书涵盖的数学内容：

数字与数字系统
数十
奇数和偶数
数字排序
英镑和便士

形状、空间和计量单位
读取时间
直角
范围
数边
刻度
百格图

数据处理
表格

解决问题
方向
计算时间
容量
计算成本

心算
加法和减法

适合 6~8 岁儿童

欢迎来到动物园

　　今天，你将和动物管理员一起工作。园中许多动物都属于濒危动物，也就是说，这些动物存活的数量已经很少了，有些甚至失去了野外栖息地。还有一些动物，因人为捕杀而濒临灭绝，动物园是它们可以安全生活的地方。

　　　　动物管理员这份职业，令人兴奋，也非常重要。

动物管理员要给动物提供水和食物。

动物管理员要为动物准备嬉戏的玩具。

动物生病了，动物管理员和兽医会给动物治病。

动物管理员要向游客解答有关动物的问题。

　　　　但是你知道动物管理员在工作中也要用到数学知识吗？

在这本书中，你将看到许多动物管理员需要解决的数学问题。与此同时，你也有机会解答很多有关动物的数学问题。

书中都有哪些内容？

先来看看在这忙碌的一天中你都要做些什么？

这些图表能帮助你回答数学问题。

了解动物知识！

回答问题，锻炼数学能力。

书中第28~29页有答题小贴士。

你准备好做一名动物管理员了吗？

你需要一张纸、一支笔和一把尺子，另外，别忘了带上你的雨靴！出发啦！

该检查动物了

早上 8 点，你的工作正式开始。你的第一个任务是检查所有动物。如果有动物生病或者受伤，动物管理员要马上通知兽医。你可以利用这张动物园地图去检查动物的状况。

请用动物园地图，回答下列问题：

1 你路过了咖啡厅、长颈鹿馆、鸟类馆和猫科动物馆。你是顺时针走还是逆时针走？

2 长颈鹿馆在咖啡厅的南边。咖啡厅的正西方是什么动物馆？

3 如果你沿着这条红色的线路走，你会路过多少个直角？

动物园地图

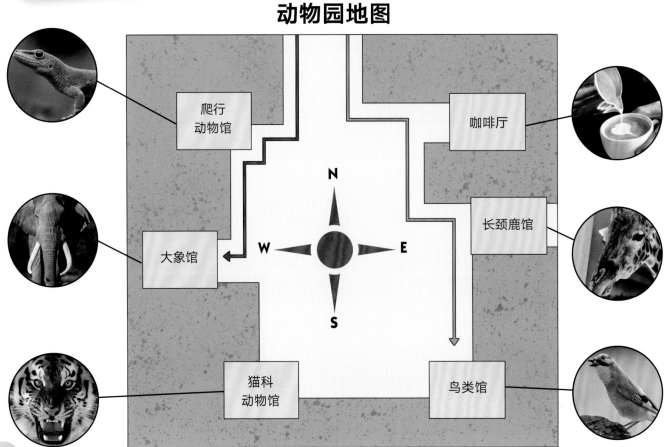

4

4 接下来，你要去看一下疣猪。
疣猪沃泰正在等着它的早餐呢！
沃泰今年 18 岁了，对疣猪来说，这年龄已经非常大了！你和沃泰的年龄相比，差了多少岁？

在野外，疣猪会吃草、浆果、树皮和死去的动物。
在动物园里，
它们吃饲料和蔬菜。

疣猪的獠牙

疣猪有 4 颗獠牙。沃泰的獠牙长 20 厘米。
用尺子量一下这条线。

5 和沃泰的獠牙相比，这条线短了多少？

照看动物宝宝

接下来，该查看动物宝宝了。首先，要去看谈谈，它是一只大熊猫宝宝。现在世界上有大约 2500 只大熊猫了！动物园里开展大熊猫人工繁育，这样可以避免大熊猫灭绝。动物管理员会轮流照看谈谈和它的妈妈。

1 上午 9 点，你要开始照看大熊猫。1 小时后，可以休息一会儿。那么，你应该在几点休息？

2 从开始休息算起，过了 2 个半小时，到午饭时间了。那么，你应该在几点吃午饭？

因为有摄像机，动物管理员在观察熊猫宝宝和它妈妈时，不会打扰到它们。

3 谈谈刚刚出生 6 天。等她 2 周大的时候，身上会开始长黑色绒毛。2 周有多少天？

谈谈这时只有 12 厘米长。

6

大宝宝

看一看这些动物出生时的体重是多少？

长颈鹿 50~60 千克

大象 90~110 千克

犀牛 35~75 千克

4 一个动物宝宝出生时重 95 千克，那它应该是哪种动物？

大象宝宝艾拉今年 1 岁了！她在 3 岁之前要一直吃母乳。

小袋鼠金巴

　　有时，动物妈妈不会照顾自己的孩子，尤其是在它们自己生病的时候。在这种情况下，动物管理员要亲自喂养动物宝宝。金巴的妈妈生病了，所以动物管理员需要照看金巴。金巴一天要喝 4 瓶奶。现在该你去喂金巴喝奶了！

喂金巴喝奶

　　喂养金巴需要用特制的袋鼠奶，每 50 毫升水加 1 勺奶粉才能制作出袋鼠奶。

1 这瓶奶中加入了多少勺奶粉？

150 毫升

2 这瓶奶中又加了多少勺奶粉？

250 毫升

金巴的体重

动物管理员会定期给动物宝宝称重。他们需要检查动物宝宝身体是否健康，发育是否正常。

3 金巴4个月的时候体重如右图所示，请问这时它的体重是多少？

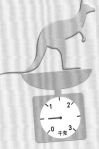

4 金巴6个月的时候，动物管理员又给它称了体重，如右图所示，这时它的体重是多少？

5 金巴现在8个月了，但它还要吃6个月的奶。你能解开有关数字6和8的谜题吗？

6 + 8 =

8 + 8 =

8 – 6 =

6 + 6 =

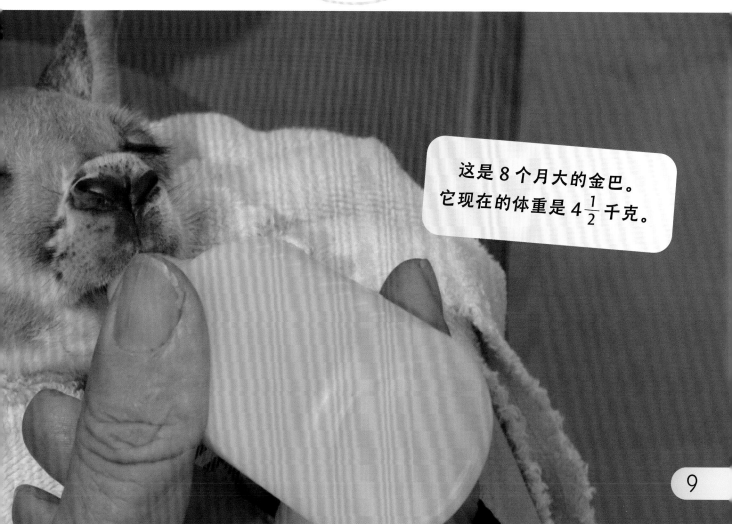

这是8个月大的金巴。它现在的体重是 $4\frac{1}{2}$ 千克。

9

今天配送的食物

　　现在该去检查食品仓库了。动物园会用新鲜的肉和蔬菜来喂养动物，也会为动物提供一些特殊的饲料，帮助动物获得野外食物中含有的营养素。一辆卡车到了，拉来了胡萝卜和芒果。

1 卡车上装的胡萝卜，如右图所示，有多重？

2 如果卡车是右图这样的，那么卡车上装的胡萝卜有多重？

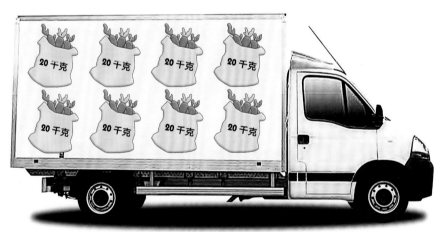

3 一箱芒果是 2 千克，7 箱芒果有多重？

黑猩猩喜欢吃芒果！

食物表

有些动物只吃植物，像树叶、草、水果和蔬菜。有些动物是食肉动物，会吃昆虫、鸟、鱼和哺乳动物。有些动物既吃植物，也吃肉。

4 表格最下面缺了一个名字。缺失的是哪种动物的名字？

- 老虎：吃其他动物。
- 食蚁兽：吃昆虫和水果。
- 鹿：吃树叶和草。

动物	食草动物	食肉动物
水獭		✔
熊	✔	✔
河马	✔	
?	✔	✔

5 斑马每顿饭要吃 1 袋干草和半袋饲料，一天吃 2 顿，它一天要吃多少东西？

猩猩的午餐

猩猩的午餐时间到了。猩猩一般生活在雨林中，它们整天都在寻找食物。在动物园里，它们的食物也会分散在笼子四处，每天动物管理员都要将食物放到笼子的不同地方。猩猩必须像在野外那样寻找食物。

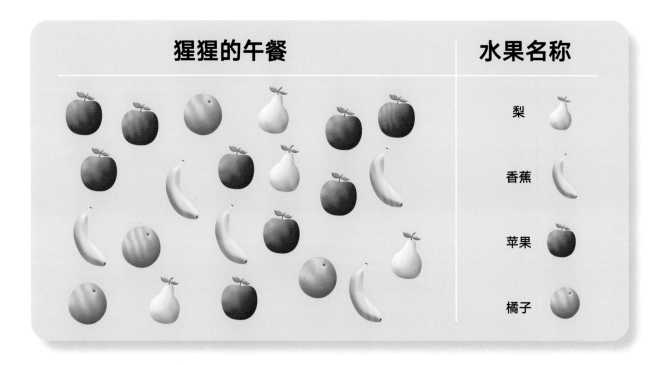

猩猩的午餐	水果名称

1 这幅图片展示了给猩猩吃的水果。图中共有多少个梨？

2 图中的香蕉比橘子多。这句话是正确的还是错误的？

3 数一数苹果的数量。苹果的数量是奇数还是偶数？

4 看看下面的图片。你能找出所有的奇数吗？

5 猩猩宝宝贝拉出生18个月了，贝拉现在是几岁？

6 贝拉的朋友昌出生24个月了，它现在是几岁？

贝拉的妈妈叫辛迪，已经 23 岁了。

贝拉

昌

蛇和鸟

现在是下午 2 点，你要帮助爬行动物馆的动物管理员向游客们进行讲解。游客们可以抚摸蟒蛇。蟒蛇的皮肤摸起来很光滑，也很干燥。管理员说，蟒蛇是用老鼠和小鸡来喂养的。

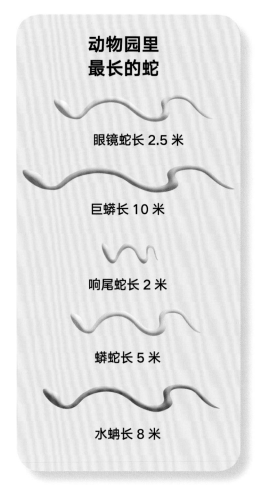

**动物园里
最长的蛇**

眼镜蛇长 2.5 米

巨蟒长 10 米

响尾蛇长 2 米

蟒蛇长 5 米

水蚺长 8 米

1 蟒蛇不是动物园里最长的蛇。哪条蛇是最长的？

2 哪条蛇的长度是巨蟒的一半？

3 有多少种蛇比蟒蛇短？

动物园里年龄最大的鸟

爱情鸟
15 岁

金刚鹦鹉
50 岁

金丝雀
12 岁

凤头鹦鹉
62 岁

在鸟类馆中，金刚鹦鹉查理会对游客们说"你好"。金刚鹦鹉能够重复它听到的话，一遍又一遍地说。

4 你能够按照年龄从小到大的顺序，对这些鸟进行排序吗？

数鸟

管理员有一张表，显示了鸟类馆里各种鸟的数量。

鸟类数量统计表

鸟	数量 / 只
爱情鸟	16
金刚鹦鹉	4
金丝雀	9
凤头鹦鹉	27

5 动物园里有多少只金丝雀？

6 动物园里哪种鸟的数量最少？

7 动物园里哪种鸟的数量最多？

有趣的企鹅

接下来你要去看一下企鹅，同一个笼子里有好几种不同种类的企鹅。有 8 只麦哲伦企鹅是上周刚从附近的一个动物园运来的，它们在这个新家似乎适应得还不错。

企鹅种类

麦哲伦企鹅　　　帽带企鹅　　　帝企鹅　　　巴布亚企鹅

企鹅的游泳速度通常为每小时 13 千米，是人类游泳高手的 2 倍。

1 帝企鹅高 90 厘米，麦哲伦企鹅比帝企鹅矮 20 厘米，那麦哲伦企鹅有多高？

2 帽带企鹅比帝企鹅矮 15 厘米，那帽带企鹅有多高？

3 体型最小的成年巴布亚企鹅和帽带企鹅差不多大小，体型最大的成年巴布亚企鹅和帝企鹅差不多大小，请问巴布亚企鹅的身高在什么范围以内？

这些是麦哲伦企鹅，
在野外大约能活 25 年，
但在动物园里可以
活到 30 岁。

它们在哪里？

动物园里有 100 只企鹅。有些在游泳池里，有些在岩石上，还有一些在它们的洞穴里。

4 如果岩石上有 70 只企鹅，游泳池里有 5 只企鹅，那洞穴里有多少只企鹅？

5 如果游泳池里有 25 只企鹅，洞穴里有 20 只企鹅，那岩石上有多少只企鹅？

给长颈鹿打扫卫生

哦，不！现在该去给长颈鹿打扫卫生了，这可能是工作中最令你讨厌的事了。要把脏稻草和长颈鹿的粪便清扫出来，铲到手推车里，然后在围栏里面铺上干净的稻草，这样就好啦！

1 这项工作需要 4 名动物管理员工作 1 小时才能完成。如果是 2 名动物管理员做这项工作，需要多长时间？

长颈鹿每天要吃
35 千克的食物。
在动物园里，它们吃的是树叶、
干草和胡萝卜。

粪便象形图

这显示了从动物围栏里收集的粪桶数量。

动物	粪桶
长颈鹿	
大象	
水獭	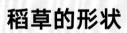
狼	

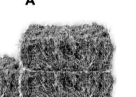 = 1 桶粪便

2 图中总共有多少桶粪便？

3 哪种动物围栏中的粪便最少？

4 这里有许多成捆的稻草。下图中每一堆有多少捆稻草？

A

B

C

稻草的形状

5 有几捆稻草已经堆放在一起了。你看这些稻草，有不同的形状，这些稻草堆放出来的新形状共有几条边？

6 你能说出这些稻草是什么形状吗？

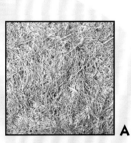
A

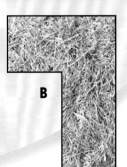
B

保持健康

下午 3 点的时候，你给兽医打了一个电话。有一只乌龟不像其他乌龟那样潜到水下去了，你知道这是生病的信号。兽医喂乌龟吃了药，然后你又让兽医给走路一瘸一拐的小老虎做了检查。

乌龟的药

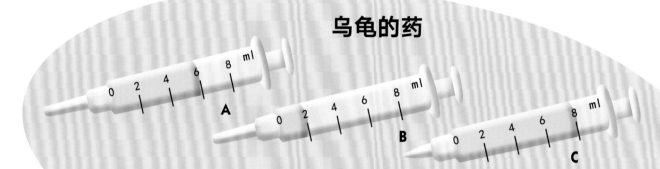

这些针管里有给乌龟用的药，每个针管的剂量都不同。你能回答以下问题吗？

这只乌龟一直不吃东西，兽医给它吃了抗生素。

1 图片中分别有多少毫升药？

2 乌龟需要 10 毫升药。兽医用了 2 个针管，她用的是哪 2 个针管？

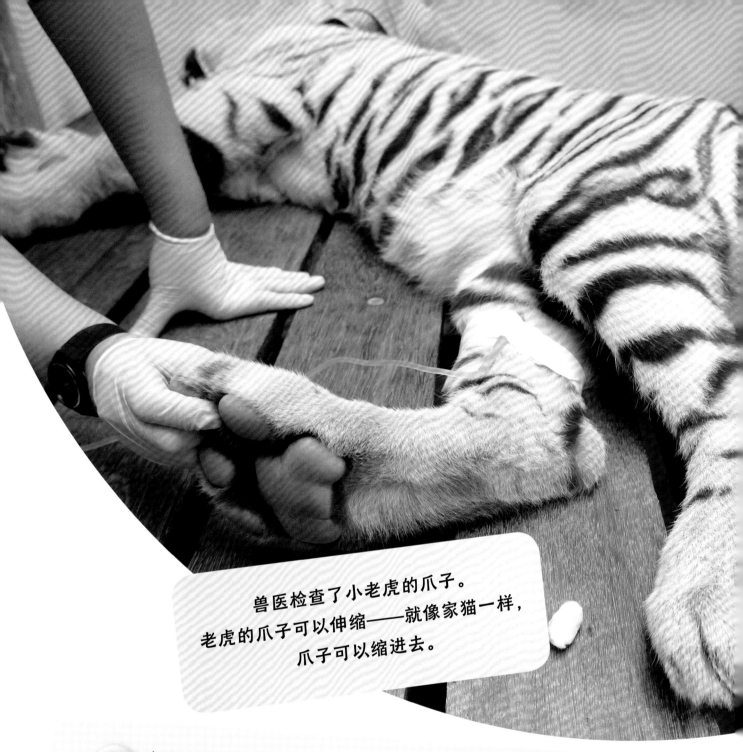

兽医检查了小老虎的爪子。
老虎的爪子可以伸缩——就像家猫一样，
爪子可以缩进去。

3 老虎的每个前爪有 5 个脚趾，每个后爪有 4 个脚趾。老虎一共有多少个脚趾？

4 小老虎需要吃些维生素，它每天吃 2 片。小老虎吃完 1 瓶维生素需要几天？

内含
20 片维生素

黑漆漆的蝙蝠馆

接下来你要去蝙蝠馆了，那里漆黑无比。你走进房门，等待眼睛适应黑暗的环境。这里是蝙蝠等夜行动物居住的地方。夜行动物白天睡觉，晚上觅食。蝙蝠馆里太黑了，所以动物们以为这是晚上。

在动物园里，果蝠的食物是无花果、梨、葡萄和西瓜。

蝙蝠白天有时也是醒着的，所以游客可以去看蝙蝠。你也认为蝙蝠白天是醒着的吗？去看看，找到真相吧！

1 下午3点的时候有多少只蝙蝠是醒着的？

2 什么时间蝙蝠醒着的数量是最多的？

3 上午9点醒着的蝙蝠比半夜醒着的蝙蝠多多少只？

时间	蝙蝠醒着的数量
上午9点	32
中午	41
下午3点	27
半夜	2

4 为了方便游客了解动物，每个围栏外都有一些关于动物的信息。但不幸的是，蝙蝠馆里有 2 个围栏的介绍标签掉了。你要怎样确定哪个标签是属于哪个动物的？

- 指猴比眼镜猴长。
- 有一种动物的尾巴是身长的 2 倍。

眼镜猴

来自亚洲

指猴

来自非洲的马达加斯加

身长约 10 厘米

身长约 35 厘米

尾巴长约 20 厘米

尾巴长约 50 厘米

和其他夜行动物一样，这些婴猴也有大大的眼睛，这可以帮助它们在黑暗中看得清楚。

儿童角

天色渐渐晚了，但儿童角还有很多游客。在这一区域有一些较温顺的动物。孩子们可以走进围栏，抚摸这些动物。你需要告诉游客，动物园马上要关门了。

儿童角的百格图

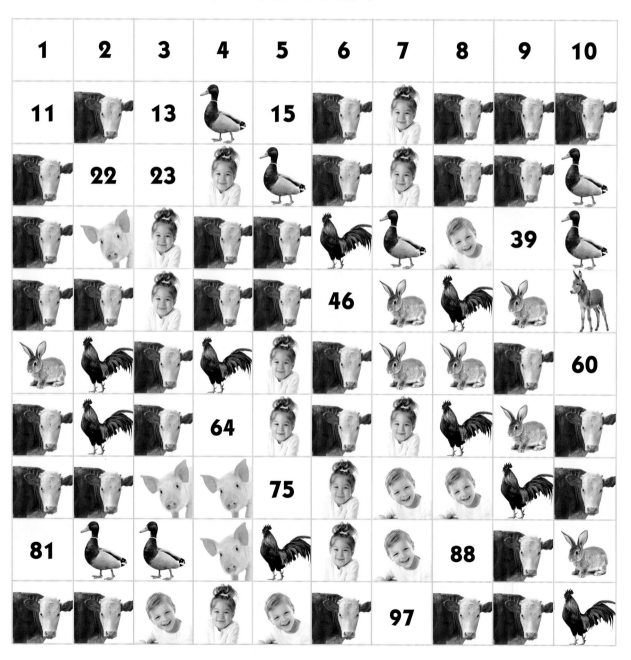

看看这张百格图。你能回答下一页的问题吗？

有时，儿童角的游客可以给动物喂吃的。

你能说出这些动物的名字吗？

1 动物 A：我在第 83 个方格中。

2 动物 B：我在 3 个 10 和 2 个 1 相加所得的数字方格中。

3 哪个数字方格中有一头驴？

4 百格图中有多少只兔子？

5 有多少个方格中有儿童？

商店

还有 10 分钟动物园就要关门了。这么短的时间，只够你去商店给朋友买点礼物了。商店对动物园十分重要，可以帮助动物园筹集资金，支付保护动物的费用。

1 每张老虎海报的价格是 2.5 英镑。你有 5 英镑，你可以买几张老虎海报？

2 如果你有 10 英镑，你又可以买多少张老虎海报？

买拼图，还是买书？

捷豹拼图
100 片

50 便士 +50 便士 +50 便士

1 英镑 +1 英镑 +50 便士 +20 便士 +5 便士

3 买这个拼图需要多少钱？

4 买这本书需要多少钱？

这些钥匙扣多少钱？

A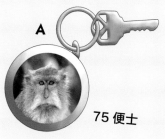
75 便士

B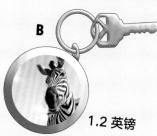
1.2 英镑

C
95 便士

D
85 便士

5 哪些钥匙扣的价格低于 1 英镑？

6 哪些钥匙扣的价格低于 90 便士？

7 如果你拿 1 英镑去买钥匙扣 A，会给你找多少钱？

你在动物园里一天的工作结束了，你需要休息，动物们也需要休息。明天又会是忙碌的一天。

27

答题小贴士

第 4~5 页

顺时针：是指转动方向与钟表的指针转动方向相同。

逆时针：是指转动方向与钟表的指针转动方向相反。

直角：一整圈有 4 个直角。直角通常是这样的：

第 6~7 页

读取时间：较短的指针是时针，告诉我们几点了。较长的指针是分针，告诉我们是几点钟的多少分钟。

1 周：1 周有 7 天。

第 8~9 页

加法：你可能会发现，先记住较大的数字，然后把较小的数字加上去，这样会比较容易计算。

减法：做减法重要的一点是，把较大的数字放在前面，8-6 的结果是 2。

第 10~11 页

数十（的倍数）：从 0 数每个 10 的倍数到 100 是非常有用的。就这样，0，10，20，30，40，50，60，70，80，90，100，你能倒着数回去吗？

表格：利用表格能够清晰比较至少两种信息。表格中没有写出的动物既吃肉（如昆虫）也吃植物（如水果）。那么哪种动物既吃肉又吃植物？

第 12~13 页

奇数和偶数：偶数又称双数，例如，2，4，6，8 都是偶数。除了偶数，剩下的整数都是奇数，例如 1，3，5，7，9。

1 年：1 年有 12 个月。你长大 1 岁，就该过生日了。贝拉已经过了她的第一个生日。

第 14~15 页

数字排序：最小的整数没有十位，都是一位数，即数字 1，2，3，4，5，6，7，8，9。接下来，找十位数是 1 的数字，比如 12，把个位数最小的排在前面，然后再依次排列其他数字。然后再看是否有十位数大于 1 的数字，以此类推，排列下去。

第 16~17 页

范围：告诉我们最小的度量值和最大的度量值。

100：将给出的数字相加，然后用 100 减去这个和，就可以得出剩下的数字。

第 18~19 页

数边：在数学中，平面图是有"边"的，长方形有 4 条边，六边形有 6 条边。

第 20~21 页

刻度：在数学中，刻度能帮我们"读出"计量值。例如，尺子显示厘米，而这些注射器显示的是毫升。

数 2（的倍数）：大声数 2，4，6，8，10，12，14，16，18，20。每个数字代表 1 天的药量，这样就可以算出现有的药可以吃几天了。

第 22~23 页

白天：上午 9 点、中午和下午 3 点都是白天的时间。半夜是夜间的时间。

2 倍：这意味着乘以 2。所以"尾巴是身长的 2 倍"的意思是"尾巴的长度等于 2 个身体的长度"。

第 24~25 页

百格图：这是一个大正方形，每 1 行有 10 个数字。这是列出数字 1~100 的好方法，可以从中找到许多规律。

第 26~27 页

英镑和便士：记住，120 便士可以写成 1.2 英镑。我们在 1 和 2 之间用一个叫作小数点的"点"来分隔英镑和便士。1 英镑等于 100 便士，约等于 10 元

参考答案

第 4~5 页

1 顺时针
2 爬行动物馆
3 5 个
4 如果你 6 岁，答案是 12；
  如果你 7 岁，答案是 11；
  如果你 8 岁，答案是 10。
5 10 厘米

第 6~7 页

1 10 点   3 14 天
2 12:30   4 大象

第 8~9 页

1 3 勺   5 6+8=14
2 5 勺   8-6=2
3 $\frac{1}{2}$ 千克   8+8=16
4 $1\frac{1}{2}$ 千克   6+6=12

第 10~11 页

1 80 千克   4 食蚁兽
2 160 千克   5 2 袋干草和 1 袋饲料
3 14 千克

第 12~13 页

1 4 个梨   5 1 岁半
2 正确的   6 2 岁
3 9 个苹果，奇数
4 3, 9, 13 和 15

第 14~15 页

1 巨蟒   鹦鹉，凤头鹦鹉
2 蟒蛇   5 9 只
3 2 种   6 金刚鹦鹉
4 金丝雀，爱情鸟，金刚   7 凤头鹦鹉

第 16~17 页

1 70 厘米   4 25 只
2 75 厘米   5 55 只
3 75~90 厘米

第 18~19 页

1 2 小时   4 A 3 捆 B 5 捆 C 4 捆
2 18 桶   5 A 4 条边 B 6 条边
3 水獭   6 A 正方形 B 六边形

第 20~21 页

1 A 6 毫升   2 B 和 C
   B 2 毫升   3 18 个脚趾
   C 8 毫升   4 10 天

第 22~23 页

1 27 只   4 指猴身长约 35 厘米，
2 中午   尾巴长约 50 厘米。眼
3 30 只   睛猴身长约 10 厘米，
               尾巴长约 20 厘米。

第 24~25 页

1 鸭子   4 7 只
2 猪   5 17 个
3 第 50 个方格中

第 26~27 页

1 2 张   5 A, C 和 D
2 4 张   6 A 和 D
3 150 便士或 1.5 英镑   7 25 便士
4 2.75 英镑

从小就做数学高手

6~8岁

月球之旅

[英]温蒂·克莱姆森◎著　宁波大学翻译团队◎译

贵州科技出版社

图书在版编目（CIP）数据

从小就做数学高手：6～8岁. 月球之旅 /（英）温
蒂·克莱姆森著；宁波大学翻译团队译. -- 贵阳：贵
州科技出版社，2022.8
ISBN 978-7-5532-1067-4

Ⅰ．①从… Ⅱ．①温… ②宁… Ⅲ．①数学—儿童读
物 Ⅳ．① O1-49

中国版本图书馆 CIP 数据核字（2022）第 095242 号

著作权合同登记 图字：22-2022-019 号

从小就做数学高手：6~8岁 月球之旅
CONGXIAO JIUZUO SHUXUE GAOSHOU : 6~8 SUI YUEQIU ZHI LÜ

出版发行	贵州科技出版社	
地 址	贵阳市中天会展城会展东路 A 座（邮政编码：550081）	
网 址	http://www.gzstph.com	
出 版 人	朱文迅	
经 销	全国各地新华书店	
印 刷	天津创先河普业印刷有限公司	
版 次	2022 年 8 月第 1 版	
	2022 年 8 月第 1 次印刷	
开 本	889mm×1194mm 1/16	
印 张	12（全 6 册）	
字 数	300 千字（全 6 册）	
印 量	1~5000 册	
定 价	198.00 元（全 6 册）	

天猫旗舰店：http://gzkjcbs.tmall.com
京东专营店：http://mall.jd.com/index-10293347.html

目 录

欢迎来到太空 ·························· 2

飞向月球 ····························· 4

宇航员的训练 ························ 6

航天火箭 ····························· 8

火箭发射啦 ·························· 10

太空中的星星 ························ 12

太空生活 ···························· 14

地面控制中心 ························ 16

太阳系 ······························ 18

登陆月球 ···························· 20

在月球上行走 ························ 22

回到地球 ···························· 24

回家 ································· 26

答题小贴士 ·························· 28

参考答案 ···························· 30

本书涵盖的数学内容：

数字与数字系统
奇数和偶数
加 10
数轴
数数
比较
除法
得到 20

形状、空间和计量单位
认时间
立体图形
仪表盘和刻度
数据排序

数据处理
日历
网格地图
方块图

解决问题
丢失的数字
数列
容量
神秘数字
重量

心算
加法和减法

适合 6~8 岁儿童

欢迎来到太空

　　你是一名宇航员！马上你就要开启第一次太空之旅了，那会是什么样的旅行呢？你将感受不到重力，在火箭里飘来飘去，这一定非常有趣。透过火箭的窗户能看到地球，这也让人十分期待。现在就出发吧！

　　许多人都想成为宇航员，被选中的人都有一些特殊技能。

宇航员是科学家，要会做重要的实验与研究。

有些宇航员是顶尖的飞行员，会驾驶火箭和飞机。

任何要进入太空的人都必须身体健康。

火箭里空间狭小，要具备与人友好相处的能力。

　　你知道宇航员在工作中也会用到数学知识吗？

在这本书中，你将看到许多宇航员需要解决的数学问题。与此同时，你也有机会解答关于太空冒险的数学问题。

准备好成为宇航员了吗？

你需要一张纸、一支笔和一把尺子，另外，别忘了带上你的航天服！出发啦！

飞向月球

你被选中参加登月计划了。你乘坐的航天火箭会进入太空，飞行约 384 400 千米后到达月球。此次登月计划大约需要 1 周。快去看看月球是什么样子的吧！

月亮的形状是会变化的，你注意到了吗？两次满月之间间隔约 29 天，这段时间就称作 1 个农历月。

1 2 个农历月是多少天？

2 29 是奇数还是偶数？

地球

月亮的形状

在农历月中，月亮会改变自己的形状，以下是我们能看到的一些月亮的形状。

A   B   C   D   E

3 以上哪种形状是圆形？

4 C 是什么形状？

月球

我们飞到月球的距离和绕地球 10 圈的距离差不多是一样的！开动脑筋，你能解答这些倍数问题吗？

5 你每天跑 3 千米，那么跑 10 次 3 千米一共是多少千米？

6 你喜欢喝牛奶，每次喝 200 毫升，那么 10 杯 200 毫升的牛奶有多少毫升？

7 你有一只宠物鼠。想象一下，宠物鼠的大小变成原来的 10 倍后，会和以下哪个动物差不多大？

A 豚鼠　　B 狗　　C 大象

宇航员的训练

要想成为一名宇航员需要经过很长时间的训练。训练虽然非常辛苦，但也是十分有趣的。你要学会如何驾驶火箭，如何穿着航天服，如何在太空中行走，也会和其他一起参与训练的人成为朋友。

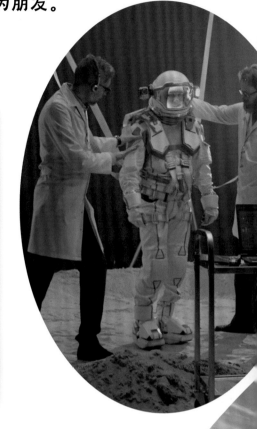

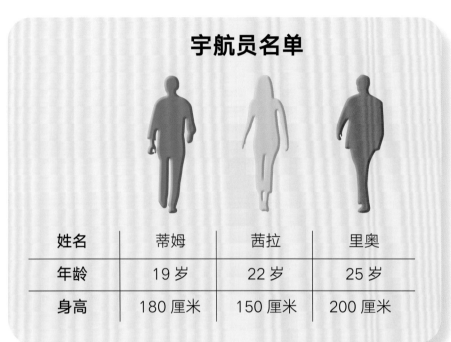

宇航员名单

姓名	蒂姆	茜拉	里奥
年龄	19 岁	22 岁	25 岁
身高	180 厘米	150 厘米	200 厘米

1 你开始和蒂姆、茜拉、里奥一起训练。10 年之后，你们才能进入太空，到那时和你一起训练的这些宇航员分别为多少岁？

2 人类制造的第一批火箭非常小，只有个子比较矮的人才能进入。以上哪位宇航员最适合进入小火箭？

3 在太空中，宇航员会穿上特殊的航天服。航天服大约重 22 千克，22 这个数字在 20 和 30 之间，还有哪些数字也在 20 和 30 之间？

飞行训练

你还要学会如何驾驶喷气式飞机，这也是训练的一部分。

4 下图中，战斗机沿顺时针方向转了 $\frac{1}{4}$ 圈。右图中，哪两架战斗机也顺时针转了 $\frac{1}{4}$ 圈？

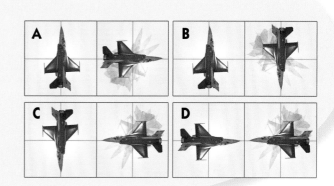

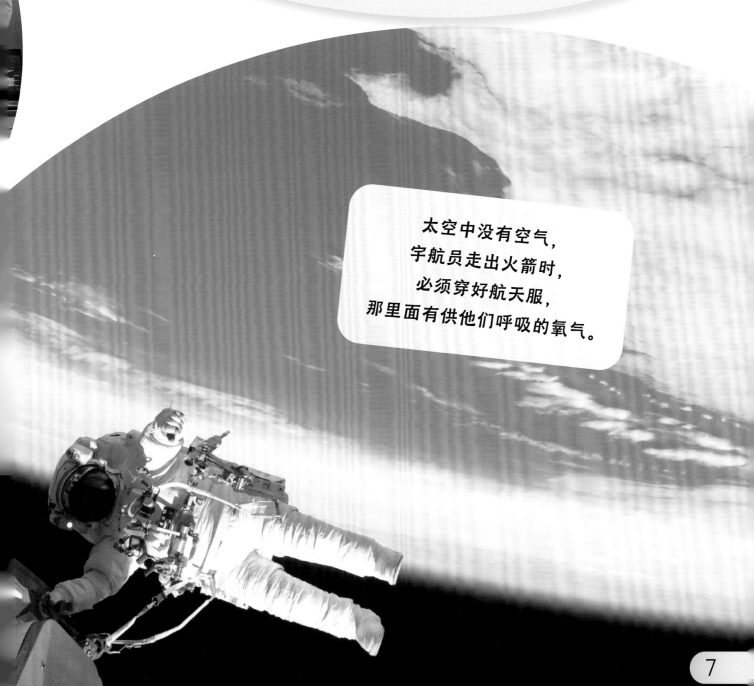

太空中没有空气，
宇航员走出火箭时，
必须穿好航天服，
那里面有供他们呼吸的氧气。

航天火箭

你已经完成训练，准备前往月球。航天火箭也准备好了，快过去看看吧。在接下来的 1 周里，那里将会是你的家，是不是难以置信？

火箭底部有 5 个管道，排列方式如右图所示。

1 以下哪支火箭的管道排列方式和上图一样？

A   B   C   D

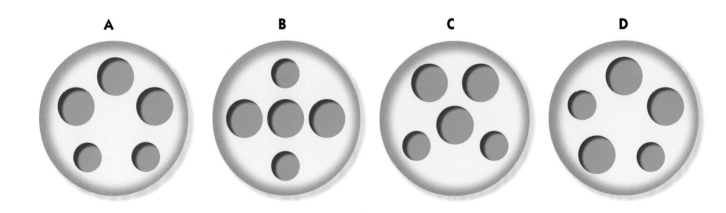

2 发射前，火箭一连几周都会停在发射平台，图中的时钟会显示离火箭发射还有几小时几分钟几秒。右图显示的时间和以下哪一个最接近？

大约 1 周　　大约 1 天

大约 2 天　　大约 $\frac{1}{2}$ 天

你能在图上找到
这样的图形吗？

3 这个图形有几条边？

4 这个图形有几个角？

引擎在火箭底部，宇航员坐在靠近火箭顶部的地方。

5 我们在火箭上找到了这些图形。你能说出它们的名字吗？

火箭准备发射了！

火箭发射啦

没错！火箭要发射啦！和家人朋友说了再见之后，你进入航天火箭。做完最后一轮检查后，你用带子将自己固定在座位上。火箭开始震动了。轰！火箭发射啦！

上午 10 点，燃料装进了航天火箭中。3 小时后，你进入航天火箭，花了 2 小时检查。接着，1 小时后，火箭发射，进入太空。

1 你能看出来火箭是在什么时候发射的吗？

2 宇航员必须要擅长数数，既要会往前数，也要会往后数。以下数列中，有些数字丢失了，你能帮忙找回来吗？

A   3   6   ?   12

B   25   30   35   ?

C   22   ?   18   16

发射升空后，火箭会一节一节脱落来减轻自身重量，从而加快飞行速度。下面的数轴展示了第 1 节和第 2 节脱落的时间。

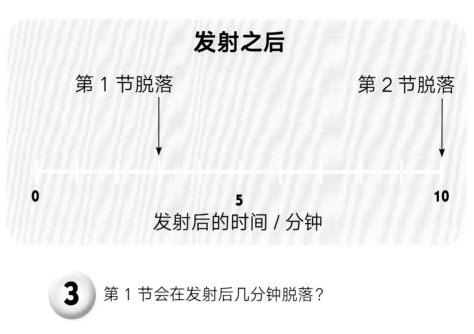

发射之后

第 1 节脱落　　　　　　　　　第 2 节脱落

0　　　　　　　　5　　　　　　　　10

发射后的时间 / 分钟

3 第 1 节会在发射后几分钟脱落？

4 第 2 节会在发射后几分钟脱落？

总共有 4 名宇航员加入了登月计划，但是只有 3 名宇航员能够在月球上行走。出于安全考虑，1 名宇航员必须待在火箭内。

11

太空中的星星

航天火箭上有窗户，透过窗户往外看，总能看到星星。哇，好多星星啊！在太空中，星星显得更加明亮了。一群星星组成一个星座，天空中总共有 88 个星座。

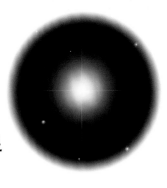

星座数列

77	79	80							87	88

1 下面哪些数字不会出现在数列中？

71   85   76   89   86   84

2 右图这组星星叫做"北斗七星"。你能看见几颗星星？

3 "北斗七星"的各颗星星之间有几条线段？

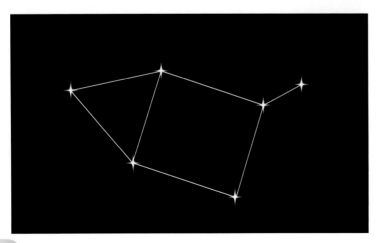

4 左图是一个新星座，几颗星星组成了一个三角形？

5 几颗星星组成了一个长方形？

12

红巨星比太阳还要大得多，较小的是白矮星。在这场月球之旅中，你会试着去数星星，快来试试解答关于星星的数学题吧！

6 11 颗红巨星加上 8 颗红巨星，共有多少颗？

8 已有 9 颗白矮星，再增加 11 颗白矮星，共有多少颗？

7 14 颗红巨星拿走了 13 颗，还剩多少颗？

9 30 颗白矮星减去 22 颗，还剩多少颗？

在太空中看星星，
我们能看得更清楚，
而在地球上，因为有大气层，
我们很难看清楚夜晚的天空。

太空生活

你需要花几天时间适应太空生活。在火箭里飘来飘去的感觉很奇怪，好像没有体重一样。吃、喝、睡觉这些日常小事，在太空中也变得十分困难。在太空中不能洗衣服，所以每件衣服穿了3天之后，就只能丢掉。

1 宇航员们不会同时睡觉，一般睡4小时，醒8小时，每天重复这个模式，那么24小时以内，宇航员可以睡几次觉呢？

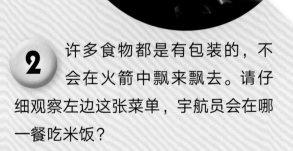

宇航员的食物

早餐	中餐	晚餐
麦片	墨西哥薄饼	咖喱
葡萄干	鸡肉	米饭
梨	坚果	混合水果
橙汁	苹果汁	茶

2 许多食物都是有包装的，不会在火箭中飘来飘去。请仔细观察左边这张菜单，宇航员会在哪一餐吃米饭？

3 宇航员早餐喝什么？

太空中的水可不能浪费。宇航员会用特殊的方法洗澡，只会用一点点水。

4 在太空中洗澡要用 5000 毫升水，这些水有多少升？

5 每个宇航员每天用 $2\frac{1}{4}$ 升水。这些水有多少毫升？

和在地球上一样，宇航员同样也要补充维生素，他们会吃新鲜的水果来保持健康。

地面控制中心

地面控制中心里有许多人，他们会检查航天火箭的运作是否正常，宇航员是否健康。地面控制中心的电脑可以获取火箭中的相关数据。

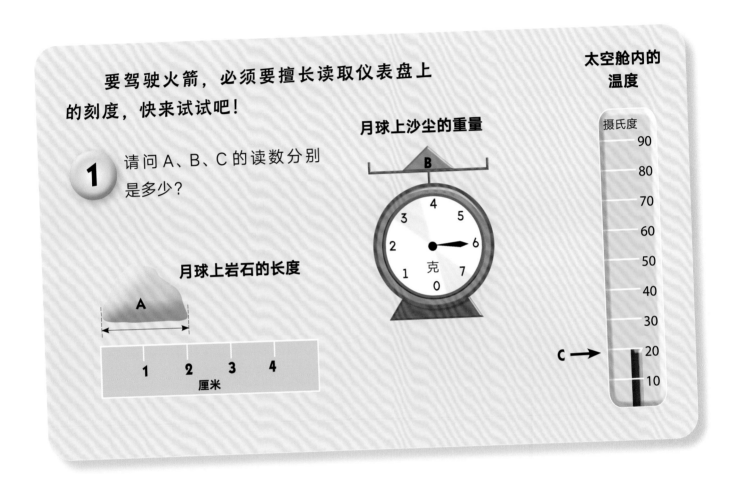

要驾驶火箭，必须要擅长读取仪表盘上的刻度，快来试试吧！

1 请问 A、B、C 的读数分别是多少？

月球上岩石的长度

月球上沙尘的重量

太空舱内的温度

电脑上有红灯和绿灯，绿灯表示一切正常，红灯则表示某处有故障。请仔细观察下图中灯的排列方式。

2 第 2 盏灯是什么颜色的？

3 第 6 盏灯是什么颜色的？

在太空中，你感受不到重力，可以在火箭里飘来飘去。

左图中的食物棒也没有重力，但在地球上它的重量是 20 克。

4 下面这些食物棒在地球上是多重？

5 下面这些食物棒在地球上是多重？

6 地面控制中心要检查一下你有没有疲惫，头脑是不是还灵活。下面有一道思考题，请你开动脑筋，算一算神秘数字是多少？

| A 神秘数字 | − | 4 | = | 8 |

即使相隔几万千米，
地面控制中心也可以向航天
火箭中的电脑发送指令。

太阳系

　　如果月球之旅进展顺利，你还有可能参加火星计划。太阳系中有 8 颗行星，地球就是其中一颗，作为宇航员，你还要了解其他行星。

请看本页底部，那里展示了太阳系中的所有行星。

1 相比地球，哪些行星离太阳更近？

2 火星比地球大吗？

3 地球和海王星哪个更大？

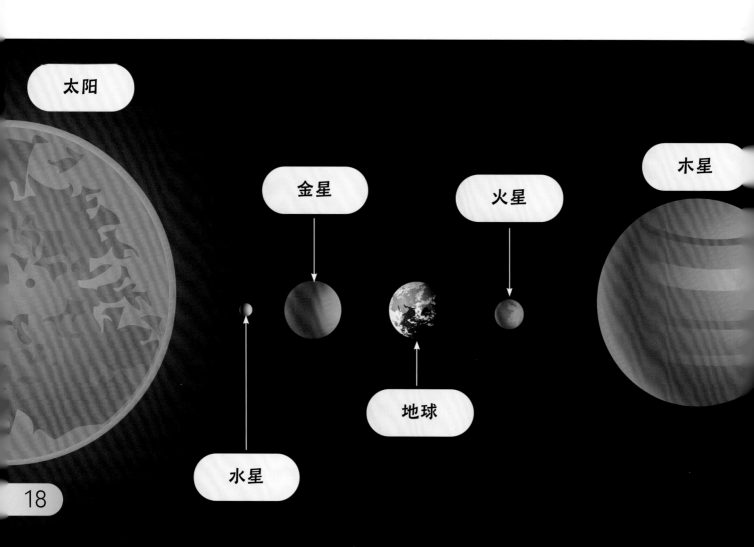

太阳

金星

火星

木星

地球

水星

离地球最近的是金星和火星。

4 哪颗行星被称作"红色星球"？

5 哪颗行星周围有2颗卫星？

金星小知识
很热

有气体包围

周围没有卫星

火星小知识
很冷

被称作"红色星球"

周围有2颗卫星

6 在海王星、木星和天王星中，木星周围的卫星最多；海王星周围的卫星最少。你知道海王星、木星、天王星周围分别有几颗卫星吗？请查阅资料回答。

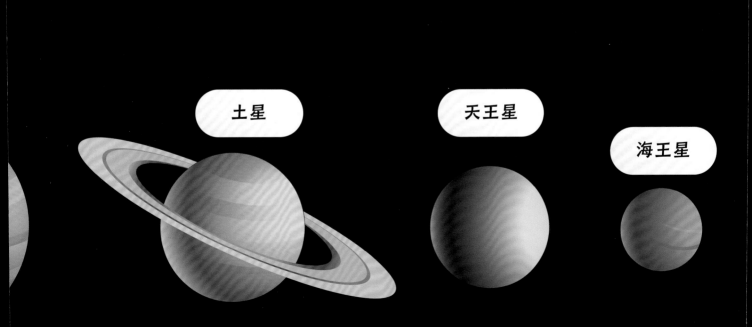

土星　　天王星　　海王星

登陆月球

到达月球附近后，火箭的登月舱下降，带你到达月球表面，窗外有石山，还有陨石坑。月球上很干燥，到处都是沙尘，你和其他宇航员是这里仅有的生物。

太空中的陨石撞击月球，就形成了陨石坑。你的任务是测量陨石坑的宽度，这是你的测量结果。

10 厘米　　$\frac{1}{2}$ 米　　9 米　　90 厘米　　2 米

1 请将这些测量结果按从小到大的顺序排列。

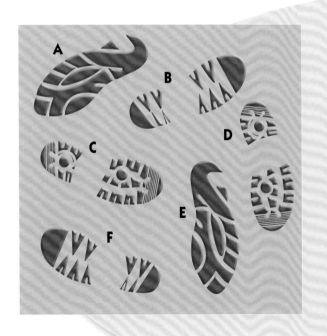

月球上没有风，朝窗外看去，你可以看到其他宇航员留下的脚印。等你离开月球之后，你的脚印也会一直留在那里。

2 请给这些宇航员的脚印配对。

3 这些脚印是几名宇航员踩出来的？

你不是第一个登上月球的人。1969 年，"阿波罗 11 号"的宇航员是首次登上月球的人类。这是他们的飞行日志。

1969 年 7 月					
星期日		6	13	20	27
星期一		7	14	21	28
星期二	1	8	15	22	29
星期三	2	9	16	23	30
星期四	3	10	17	24	31
星期五	4	11	18	25	
星期六	5	12	19	26	

7 月 16 日——发射
7 月 20 日——登陆月球
7 月 21 日——人类首次踏上月球
7 月 21 日——返航
7 月 24 日——回到地球

4 人类首次踏上月球是在星期几？

5 1969 年那次飞行计划的时长有没有超过 1 周？

没错！你马上要踏上月球了！

在月球上行走

登月舱的门慢慢打开了，你沿着台阶往下走，踏上了月球。没错！你在月球上！在月球上行走太有趣啦！你的体重要比在地球上轻，与其说是在行走，倒不如说是在弹跳。

别迷路了

你有一张月球的网格地图，上面显示了月球的部分面貌。

登月舱　陨石坑　小岩石　大岩石

月球网格地图

1 登月舱往右走 1 格，再往上走 3 格，就能到达小岩石。那么该如何从登月舱走到陨石坑呢？

2 如何从登月舱走到大岩石？

3 你的任务是采集月球上的岩石。回到地球后，科学家们会研究这些岩石，了解更多关于月球的信息。你采集到了 20 千克的岩石，如果每个盒子能装 4 千克的岩石，你需要几个盒子？

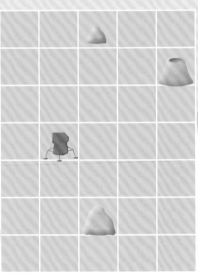

4 如果每个盒子能装 5 千克岩石，你需要几个盒子？

尼尔·阿姆斯特朗和
巴兹·奥尔德林是最先登上
月球的人。

最大和最重

采集到岩石后，把它们放在盒子里。最大的盒子
不一定就是最重的哦！为了比较这些盒子的重量，把
它们分别放到天平上称重。

5 哪个紫色盒子更重？

6 哪个黄色盒子更轻？

7 哪个蓝色盒子更重？

回到地球

火箭中有返回舱，靠近地球时，你们会进入返回舱，接着返回舱会脱离火箭，带你们回到地球。你们安全降落到海面上，登月计划圆满完成。

返回舱降落得非常快。

1 你能按照从快到慢的顺序给下面几项排序吗？
奔跑的猎豹——每小时 100 千米
返回舱——每小时 38 000 千米
最快的火车——每小时 400 千米

2 返回舱有 3 个降落伞用来放缓速度，每个降落伞上有 20 根线。要让下列各数变成 20，分别要加多少？

19　　　　**7**　　　　　**3**　　　　　**16**

别迷路了

你已经降落到海面了。周围有许多人，有些在飞机上，有些在船上，还有些在直升机上。

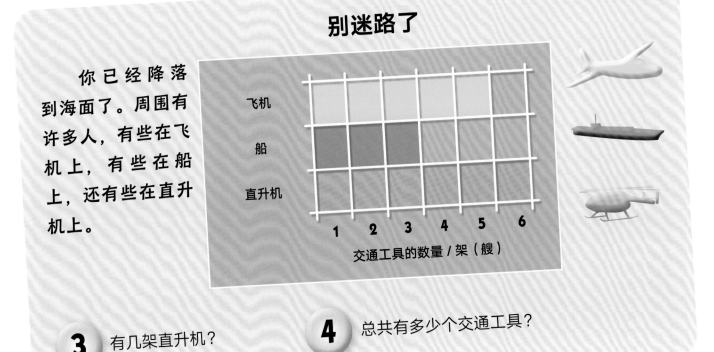

交通工具的数量 / 架（艘）

3 有几架直升机？

4 总共有多少个交通工具？

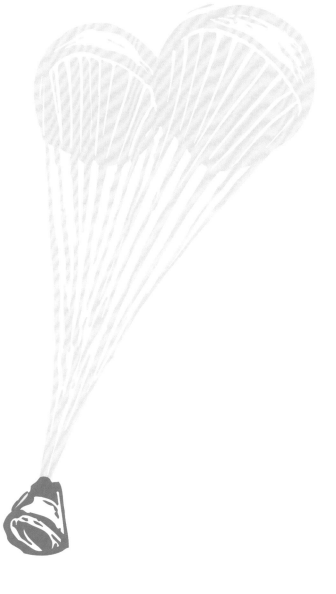

返回舱降落到
海面上，你们已经
安全降落了。

到家了！

返回舱在下午 2 点降落到海
面上，右图是你和其他宇航员走
出返回舱的时间。

宇航员出舱时间图

里奥	下午 2：11
茜拉	下午 2：06
你	下午 2：13
蒂姆	下午 2：09

5 谁第一个走出返回舱？

6 降落之后，过了多久，所有宇航员都
走出了返回舱？

回家

你已经安全回到了地球。这真是一段不可思议的旅程。当然，大家都想听听"月球之旅"的故事。报社记者、电视台记者围在你的身边，都在等着听你的故事。你现在出名了！

这是返回舱降落之后发生的事。请你先算出数学题的答案，再来回答问题。

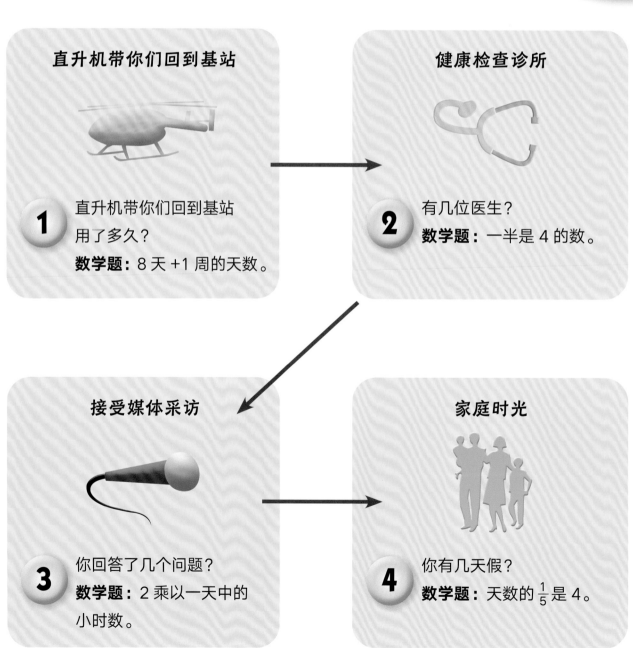

直升机带你们回到基站

1 直升机带你们回到基站用了多久？

数学题： 8 天 +1 周的天数。

健康检查诊所

2 有几位医生？

数学题： 一半是 4 的数。

接受媒体采访

3 你回答了几个问题？

数学题： 2 乘以一天中的小时数。

家庭时光

4 你有几天假？

数学题： 天数的 $\frac{1}{5}$ 是 4。

5 每个太空计划都有专属徽章。右图是"阿波罗11号"的徽章。

请仔细观察以下 3 枚徽章。哪一枚徽章是这次太空计划的？

● 有 2 个圆，分别代表地球和月球。
● 有 1 个三角形，代表航天火箭。
● 有 1 个正方形，代表队伍里的 4 名宇航员。

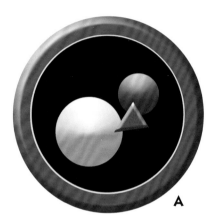

A

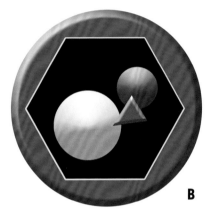

B

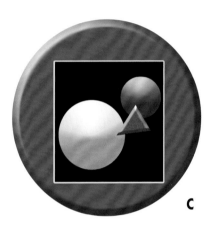

C

下一队宇航员准备出发去太空了。
你的任务已经结束了。
干得漂亮，小宇航员！

答题小贴士

第4~5页

奇数和偶数： 偶数是能被2整除的整数，如2，4，6，8……；奇数是那些不是偶数的整数，如1，3，5，7……

第6~7页

加10： 一个数加上10，只需要在十位数上加上1即可；19十位上是1（个位是9），如果加上10，十位就变成2了，结果就是29（十位是2，个位是9）。

$\frac{1}{4}$ 圈： 完整的1圈由4个 $\frac{1}{4}$ 圈组成。

顺时针（方向）： 时钟指针转动的方向。

顺时针

第8~9页

一周、一天的小时数： 半天有12小时，一天有24小时，两天有48小时，一周有168小时。

圆柱体： 圆柱体的两个底面为圆形。

圆锥体： 圆锥体的底面为圆形。

第10~11页

认时间： 时钟上的短针是时针（可以告诉我们是几时），时针走3小时，接着走2小时，最后再走1小时，就是发射时间了。

数轴： 这里的数轴是用来显示时间的。1个格表示1分钟。

第12~13页

加法： 加上、累计、增加、合计都表示加法。加数的顺序是可以调换的。相对来说，加数为10的加法更加容易，因此如果加法中有11或9，可以先加10，之后再加上1或者减去1。

11+8和10+8+1的答案一样。

9+17和10+17-1的答案一样。

减法： 拿走、扣掉、减去都表示减法。

第14~15页

一天： 一天有24小时；一天就是一日午夜0点至次日午夜0点之间的时间。

第16~17页

仪表盘和刻度： 在数学中，我们可以借助仪表盘和刻度读取测量数据。不过读取数据之前，要仔细观察仪表盘的单位，比如这一仪表盘就是以克为单位。

数一数： 大声数出来，2，4，6，8，10，12，14，16，18，20。这是记住偶数的好方法。

第 18~19 页

比较：比较两个事物时，我们会说"更大"比较 3 个或 3 个以上事物时，我们会说"最大"。

第 20~21 页

给测量数据排序：请检查一下所有测量数据的单位是相同的吗？（也就是，它们都是以厘米为单位或以米为单位的吗？）如果不是的话，我们需要先将它们转化为相同的单位。接着再给它们排序。先找较小的整数，它们是没有十位的（只有个位）。接下来，找十位为 1 的数字，这些数字中个位上的数字越小，排得越靠前。下一步就是找十位比 1 大的数字，根据十位上的数字大小来排序，以此类推。

日历：通过看日历我们可以知道每个月中每天分别是星期几。我们可以纵向"读"日历，也可以横向"读"。在这本日历中，纵向"读"就可以知道一周对应的各个日期，横向"读"就可以知道星期几对应了哪些日期（比如说，我们可以知道哪些日期是星期日）。

第 22~23 页

网格地图：通过先向右或左，再向上或下移动（或者先向上或下，再向右或左移动），就可以在网格地图中得出一条路线。

除法：将一定量的事物或者数字分成相等的几部分，这种运算就叫作除法。

第 24~25 页

得到 20：我们要知道相加能够得出 20 的有哪些数字对。看看你能不能接着写下去，

0+20

1+19

2+18

……

方块图：这个表格显示了两种不同的信息。在这个方块图中，1 个方块表示 1 个交通工具，该图比较了不同种类的交通工具的数量。

数字时钟：读数字时钟时，先读小时，再读分钟。比如，8：27 表示的时间就是早上的 8 时 27 分。

第 26~27 页

度量单位：记住

● 一周有 7 天；

● 2 个一半组成一个整体；

参考答案

第 4~5 页

1	58 天	5	30 千米
2	奇数	6	2000 毫升
3	E	7	B 狗
4	半圆形		

第 6~7 页

1 蒂姆：29 岁
  茜拉：32 岁
  里奥：35 岁
2 茜拉

3 21、23、24、25、26、27、28、29
4 A 和 C

第 8~9 页

1	D	4	4
2	大约 $\frac{1}{2}$ 天	5	圆柱体和圆锥体
3	4		

第 10~11 页

1	下午 4 点	3	3 分钟
2	A 9；B 40；C 20	4	10 分钟

第 12~13 页

1	71、76、89	6	19 颗
2	7 颗	7	1 颗
3	7 条	8	20 颗
4	3 颗	9	8 颗
5	4 颗		

第 14~15 页

1	2 次	4	5 升
2	晚餐	5	2250 毫升
3	橙汁		

第 16~17 页

1	A 2 厘米	3	绿色
	B 6 克	4	40 克
	C 20 摄氏度	5	100 克
2	绿色	6	12

第 18~19 页

1 水星和金星
2 不是
3 海王星
4 火星
5 火星
6 木星周围有 79 颗卫星、天王星周围有 27 颗卫星、海王星周围有 14 颗卫星。

第 20~21 页

1 10 厘米、$\frac{1}{2}$ 米、90 厘米、2 米、9 米
2 A 和 E、B 和 F、C 和 D
3 3 名宇航员
4 星期一
5 超过了

第 22~23 页

1 向右移动 3 格，再向上移动 2 格
2 向右移动 1 格，再向下移动 2 格
3 5 个盒子
4 4 个盒子
5 B
6 A
7 A

第 24~25 页

1 返回舱，最快的火车，奔跑的猎豹
2 1、13、17、4
3 6 架直升机
4 14 个交通工具
5 茜拉
6 13 分钟

第 26~27 页

1	15 天	4	20 天
2	8 位医生	5	C
3	48 个问题		